全国中等职业学校电工类专业通用教材

全国技工院校电工类专业通用教材（中级技能层级）

电子电路基本技能训练

人力资源社会保障部教材办公室　组织编写

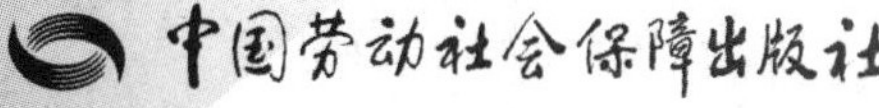

简 介

本书主要内容包括电子元器件的识别与测试，电子焊接基本操作，印制电路制作工艺，整流、滤波及稳压电源电路的安装、调试与检修，放大电路的安装与调试，晶闸管整流电路的安装与调试，数字电路的安装与调试。

本书由王建任主编，李成勇、魏素俊、聂万芬任副主编，杨晓辉、白军帅、赵赟潇、刘婕、毛翠云参加编写；付强审稿。

图书在版编目（CIP）数据

电子电路基本技能训练 / 人力资源社会保障部教材办公室组织编写 . -- 北京：中国劳动社会保障出版社，2021

全国中等职业学校电工类专业通用教材　全国技工院校电工类专业通用教材 . 中级技能层级

ISBN 978-7-5167-5162-6

Ⅰ. ①电…　Ⅱ . ①人…　Ⅲ. ①电子电路 – 中等专业学校 – 教材　Ⅳ. ①TN710

中国版本图书馆 CIP 数据核字（2021）第 233726 号

中国劳动社会保障出版社出版发行

（北京市惠新东街 1 号　邮政编码：100029）

*

三河市华骏印务包装有限公司印刷装订　新华书店经销

787 毫米 ×1092 毫米　16 开本　9.75 印张　186 千字

2021 年 12 月第 1 版　　2024 年 7 月第 4 次印刷

定价：19.00 元

营销中心电话：400-606-6496

出版社网址：http://www.class.com.cn

http://jg.class.com.cn

前言

为了更好地适应全国技工院校电工类专业的教学要求，全面提升教学质量，人力资源社会保障部教材办公室组织有关学校的一线教师和行业、企业专家，在充分调研企业生产和学校教学情况、广泛听取教师使用反馈意见的基础上，吸收和借鉴各地技工院校教学改革的成功经验，对现有电工类专业通用教材进行了修订（新编）。

本次教材修订（新编）工作的重点主要体现在以下几个方面。

更新教材内容

◆ 根据企业岗位需求变化和教学实践，确定学生应具备的知识与能力结构，调整部分教材内容，增补开发教材，使教材的深度、难度、广度与实际需求相匹配。

◆ 根据相关专业领域的最新技术发展，推陈出新，补充新知识、新技术、新设备、新材料等方面的内容。

◆ 根据最新的国家标准、行业标准编写教材，保证教材的科学性和规范性。

◆ 根据一体化教学理念，提高实践性教学内容的比重，进一步强化理论知识与技能训练的有机结合，体现"做中学、学中做"的教学理念。

优化呈现形式

◆ 创新教材的呈现形式，尽可能使用图片、实物照片和表格等形式将知识点生动地展示出来，提高学生的学习兴趣，提升教学效果。

◆ 部分教材将传统黑白印刷升级为双色印刷和彩色印刷，提升学生的阅读体验。例如，《电工基础（第六版）》和《电子技术基础（第六版）》采用双色设计，使电路图、波形图的内涵清晰明了；《安全用电（第六版）》将图片进行彩色重绘，符合学生的认知习惯。

提升教学服务

为方便教师教学和学生学习，除全面配套开发习题册外，还提供二维码资源、电子教案、电子课件、习题参考答案等多种数字化教学资源。

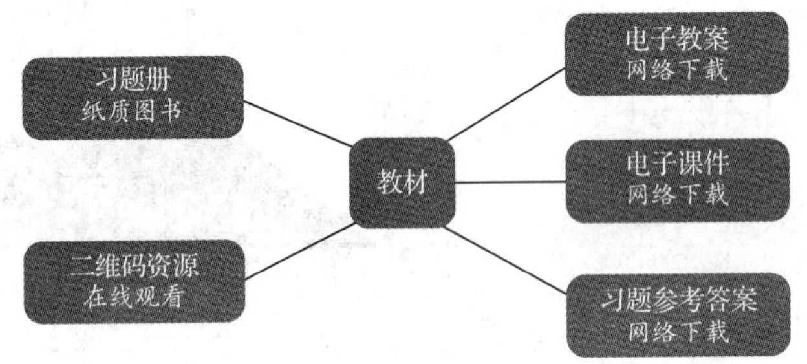

二维码资源——在部分教材中，针对重点、难点内容制作微视频，针对拓展学习内容制作电子阅读材料，使用移动设备扫描即可在线观看、阅读。

电子教案——结合教材内容编写教案，体现教学设计意图，为教师备课提供参考。

电子课件——依据教材内容制作电子课件，为教师教学提供帮助。

习题参考答案——提供教材中习题及配套习题册的参考答案，为教师指导学生练习提供方便。

电子教案、电子课件、习题参考答案均可通过中国技工教育网（http://jg.class.com.cn）下载使用。

致谢

本次教材的修订（新编）工作得到了辽宁、江苏、山东、河南、广西等省（自治区）人力资源社会保障厅及有关学校的大力支持，在此我们表示诚挚的谢意。

人力资源社会保障部教材办公室

2020 年 9 月

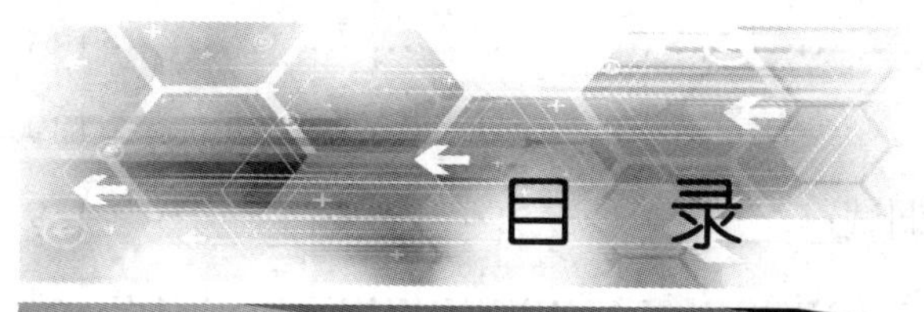

目　录

第一单元　电子基本操作技能

第二单元　典型电子电路的安装、调试与检修

第一单元
电子基本操作技能

课题一　电子元器件的识别与测试

任务 1　电阻器、电容器和电感器的识别与测试

学习目标

1. 能识别电阻器、电容器和电感器等元器件。
2. 能熟练进行电阻器、电容器和电感器等元器件的测试。

导体对电流的阻碍作用称为电阻。具有一定阻值、一定几何形状、一定技术性能的，在电路中起到电阻作用的元件称为电阻器（通常也简称为电阻）。电阻器是组成电路的基本元件之一。

电阻器的主要用途是稳定和调节电路中的电压和电流，其次还有限制电路电流、分配电压的功能。

一、电阻器的识别与测试

1．电阻器的分类

（1）电阻器按结构形式可分为固定电阻器、可变电阻器（电位器）和敏感电阻器等。电阻器的外形及图形符号分别如图 1–1–1 和图 1–1–2 所示。

敏感电阻器，也称为半导体电阻器，通常有热敏、压敏、光敏、温敏、气敏、力敏等不同的类型，广泛应用于检测技术和自动控制领域，发展非常迅速。

（2）电阻器按材料可分为合金型电阻器、薄膜型电阻器和合成型电阻器。

2．电阻器的主要技术参数

电阻器的主要技术参数有标称阻值、允许偏差和额定功率。

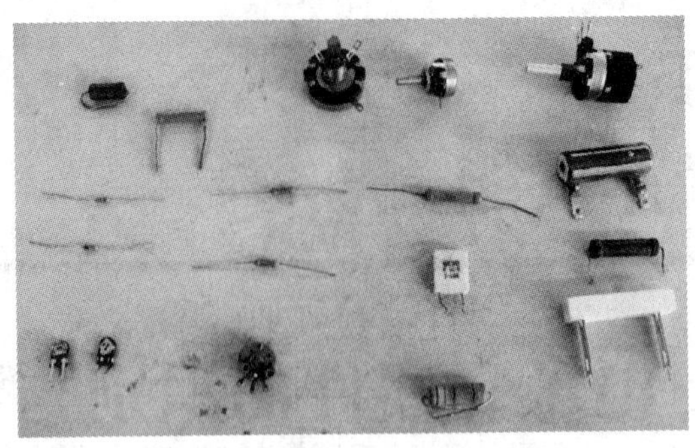

图 1–1–1　电阻器的外形

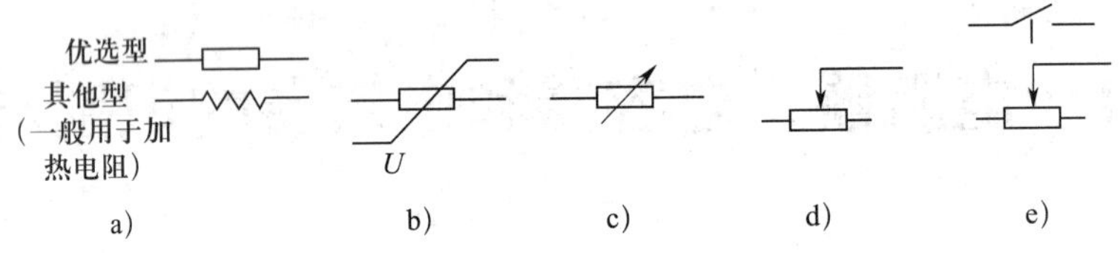

图 1–1–2　电阻器的图形符号

a）电阻器一般符号　b）压敏电阻器　c）可调电阻器
d）滑动触点电位器　e）带开关的滑动触点电位器

（1）标称阻值

标称阻值即电阻器的标准电阻值。

（2）允许偏差

1）允许偏差及种类。电阻器在批量生产中，实际阻值不可能完全与标称阻值一致，因而产生了误差。

阻值误差 =（实际阻值 – 标称阻值）/ 标称阻值 ×100%

符合出厂标准的阻值误差称为允许偏差。允许偏差分为对称偏差和不对称偏差，大部分电阻器都采用对称偏差，其规定为：

精密偏差：±0.5%，±1%，±2%。

普通偏差：±5%，±10%，±20%。

2）允许偏差的表示方法。允许偏差的表示方法有直标法、罗马数字法、符号法和色标法四种，见表 1–1–1。

表 1–1–1　允许偏差的表示方法

直标法	罗马数字法	符号法	色标法
±0.5%		D	绿
±1%		F	棕
±2%		G	红
±5%	Ⅰ	J	金
±10%	Ⅱ	K	银
±20%	Ⅲ	M	无色

（3）额定功率

电阻器在电路中长时间连续工作不损坏，或不显著改变其性能所允许消耗的最大功率，称为电阻器的额定功率。

电阻器的额定功率往往并不标出，一般通过测量电阻器的长度和直径来确定。

3. 电阻器的型号命名方法

电阻器的产品型号一般由以下四个部分组成：

第一部分：主称，用字母表示。

第二部分：材料，用字母表示。

第三部分：分类，用数字或字母表示。

第四部分：序号，用数字表示，以区分外形尺寸和性能指标。

电阻器的型号命名及意义见表 1–1–2。

表 1–1–2 电阻器的型号命名及意义

第一部分：主称		第二部分：材料		第三部分：分类			第四部分：序号
符号	意义	符号	意义	符号	意义		
					电阻器	电位器	
R	电阻器	T	碳膜	1	普通	普通	略
W	电位器	J	金属膜	2	普通	普通	
		Y	氧化膜	3	超高频	—	
		H	合成膜	4	高阻	—	
		C	沉积膜	5	高阻	—	
		S	有机实心	6	—	—	
		N	无机实心	7	精密	精密	
		I	玻璃釉膜	8	高压	特种函数	
		X	线绕	9	特殊	特殊	
				G	高功率	—	
				T	可调	—	
				W	—	微调	
				D	—	多圈	

4. 电阻器参数的标注及识别

电阻器的主要参数要标注在其表面，标注方法主要有直标法、文字符号法、色标法和数码法。

（1）直标法

直标法是用阿拉伯数字和单位符号在电阻器表面直接标注出标称阻值，其允许偏差直接用百分数表示。

直标法具有直观清楚、容易识别等优点，但标注的数字及小数点容易掉落。此方法只适用于大中型电阻器的参数标注。

（2）文字符号法

文字符号法是用阿拉伯数字和文字符号两者有规律地组合来表示标称阻值和允许偏差。符号 R、k、M、G、T 分别表示 Ω、kΩ、MΩ、GΩ 和 TΩ，在这些符号前的数字表示阻值的整数部分，符号后面的数字表示小数部分。例如，5 k1 表示 5.1 kΩ。

（3）数码法

数码法是用三位阿拉伯数字表示，前两位表示阻值的有效数字，第三位表示有效数字后面零的个数（倍乘）。数码法适用于标注体积较小的电阻器，如贴片电阻器等。当阻值小于 10 Ω 时，以 ×R× 表示（× 代表数字），将 R 看成小数点。

（4）色标法

小功率电阻器较多使用色标法，特别是 0.5 W 以下的碳膜电阻器和金属膜电阻器。色标的基本色码及含义见表 1-1-3。

表 1-1-3　色标的基本色码及含义

色码	第一环	第二环	第三环	第四环	第五环
	第一位数	第二位数	第三位数	应乘倍率	允许偏差
银	—	—	—	10^{-2}	±10%
金	—	—	—	10^{-1}	±5%
黑	0	0	0	10^{0}	—
棕	1	1	1	10^{1}	±1%
红	2	2	2	10^{2}	±2%
橙	3	3	3	10^{3}	±0.05%
黄	4	4	4	10^{4}	—
绿	5	5	5	10^{5}	±0.5%
蓝	6	6	6	10^{6}	±0.25%
紫	7	7	7	10^{7}	±0.1%
灰	8	8	8	10^{8}	—
白	9	9	9	10^{9}	—

（5）色标电阻的识别

方法 1：先找到标注误差的色环，从而判定色环的排列顺序。最常用的表示电阻误差的颜色是金、银、棕，尤其是金和银，一般很少用金色环和银色环作为电阻色环的第一环，所以在电阻上只要有金色环和银色环，就可以基本认定这是色环电阻的最末一环。

方法 2：棕色环是否是误差标志的判别。棕色环既常用作误差环，又常作为有效数字环，且经常在第一环和最末一环中同时出现，难以辨别哪一个是第一环。在实际中，可以按照色环之间的间隔加以判别：如对于一只五道色环的电阻而言，第五环和第四环之间的间隔比第一环和第二环之间的间隔要宽一些，据此可以判定色环的排列顺序。

方法 3：在仅靠色环间距无法判定色环排列顺序的情况下，可以利用电阻的生产序列值来加以判别。如有一个电阻的色环读序是棕、黑、黑、黄、棕，其阻值为 $100\times10^4\ \Omega=1\ \mathrm{M}\Omega$，误差为 ±1%，属于正常的电阻系列值，若是反顺序读棕、黄、黑、黑、棕，其阻值为 $140\times10^0\ \Omega=140\ \Omega$，误差为 ±1%。显然按照后一种排序所读出的阻值，在电阻的生产系列中是没有的，故后一种色环顺序是不对的。

色环电阻主要有四色环电阻和五色环电阻两类，此外还有一部分三色环电阻。四色环电阻是用四条色环表示电阻阻值的大小，每种颜色代表不同的数字，各色环的含义如图 1-1-3a 所示。

五色环电阻是用五条色环表示电阻阻值的大小，常用于精密型电阻，各色环的含义如图 1-1-3b 所示。

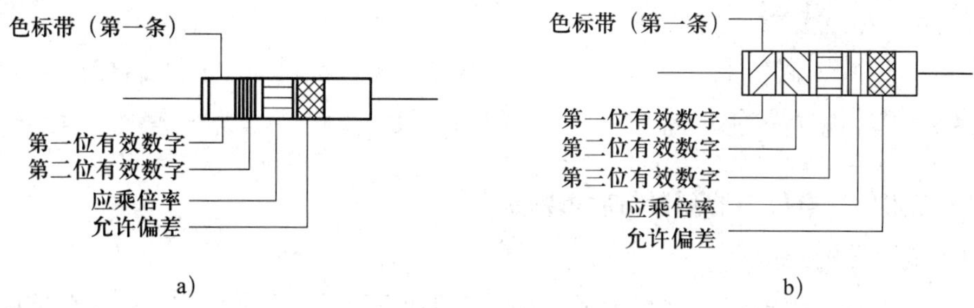

图 1-1-3 电阻器各色环的含义

a）四色环电阻 b）五色环电阻

对于三色环电阻，一般用三条色环表示电阻阻值的大小，具体如下：

第一条色环：第一位有效数字。

第二条色环：第二位有效数字。

第三条色环：应乘倍率。

5. 电位器

电位器是一种可调电阻器，对外有三个引出端，其中两个为固定端，一个为滑动端（也称中心抽头）。滑动端在两个固定端之间的电阻体上做机械运动，使其与固定端之间的电阻发生变化。电位器外形如图 1–1–4 所示。

（1）电位器的分类

电位器按接触方式分为接触式和非接触式电位器，按结构特点分为单联、双联、带开关、不带开关、锁紧和非锁紧电位器等，按调节方式分为旋转式和直滑式电位器。

（2）电位器的主要技术参数

电位器除了和电阻器一样，有标称阻值、额定功率、允许偏差等技术参数外，还有阻值变化特性。带开关的滑动触点电位器还有开关电压及载流量的限值。

（3）电位器的型号命名方法

电位器的型号命名方法与电阻器基本相同。

电位器的产品型号一般由以下四个部分组成：

第一部分：主称，用字母表示。

第二部分：材料，用字母表示。

第三部分：分类，用数字或字母表示。

第四部分：序号，用数字表示。

例如，有机实心微调电位器的型号命名如图 1–1–5 所示。

图 1–1–4　电位器外形

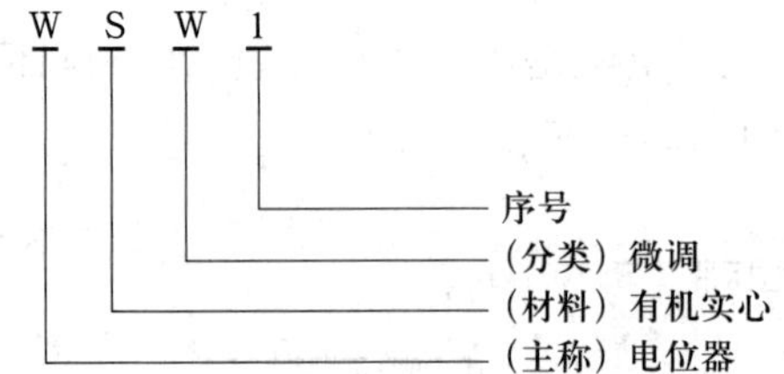

图 1–1–5　有机实心微调电位器的型号命名

6. 电阻器、电位器的测量与质量判别

（1）电阻器的测量

通常可用万用表电阻挡进行测量。测量中手指不要触碰被测固定电阻器的两根引出线，避免人体电阻对测量精度的影响。测量方法如图 1–1–6 所示。

常用的碳膜、金属膜、线绕电阻器以及片状电阻器是比较容易检测的，一般是先进行外观检查，然后用万用表检查。

1）热敏电阻器的测量。热敏电阻器是用对温度敏感的半导体材料制成的，随着温度升高电阻阻值增大的热敏电阻器称为正温度系数热敏电阻器；随着温度升高电阻阻值减小的热敏电阻器称为负温度系数热敏电阻器。

a）

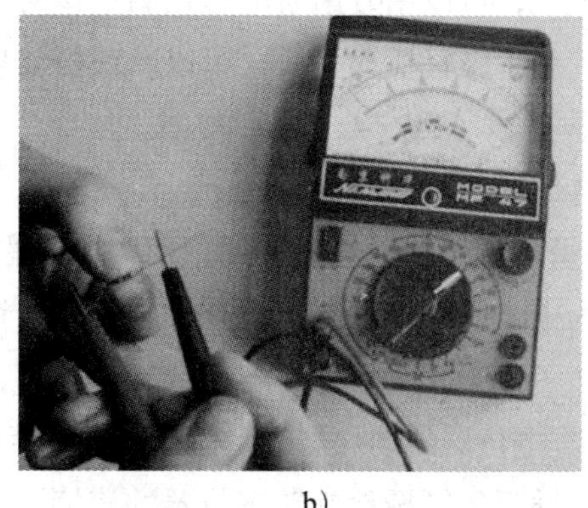
b）

图 1–1–6　电阻器的测量
a）调零　b）测量

热敏电阻器的测量步骤如下：

①在常温下用万用表 $R\times1$ k 或 $R\times10$ k 挡来测量。正常情况下，其测量值应与标称阻值相同或接近（误差在 ±2 Ω）。

②用升温的电烙铁靠近热敏电阻器，并测量其阻值，正常情况下，其阻值应随温度升高而增大。

热敏电阻器的测量如图 1–1–7 所示。

2）压敏电阻器的测量。压敏电阻器的测量如图 1–1–8 所示。

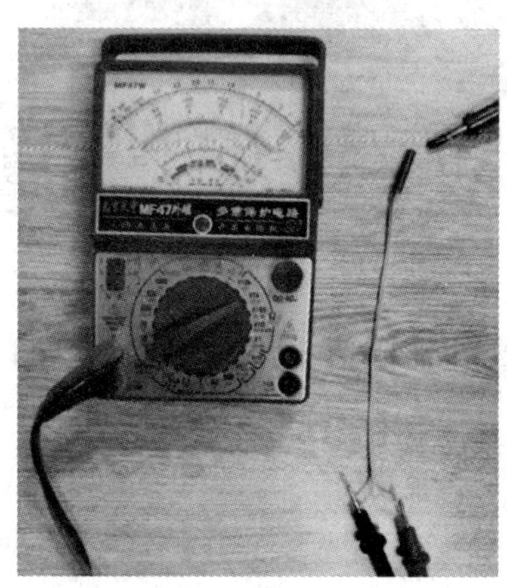
图 1–1–7　热敏电阻器的测量

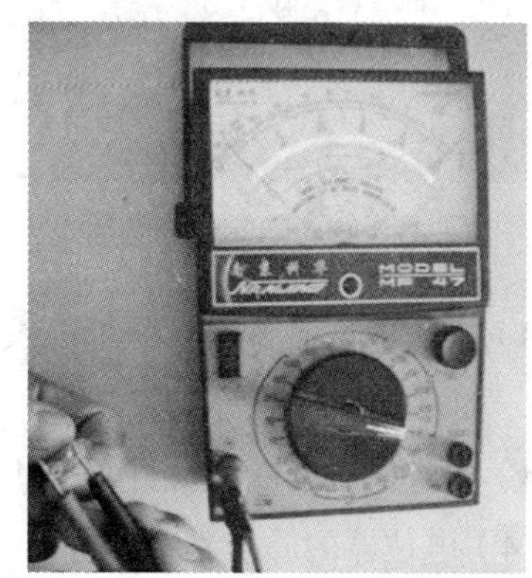
图 1–1–8　压敏电阻器的测量

测量压敏电阻器时，一般用万用表 $R\times1$ 挡来测量其两脚正、反向电阻，正常时阻值均为∞；反之说明压敏电阻器漏电电流大，不能再使用。如果压敏电阻器压敏电压下降，也不能再使用，只是用万用表无法对此进行判断。

（2）电阻器的质量判别

电阻器的电阻体或引线折断以及烧焦等，可以从外观上看出。电阻器内部损坏或阻值变化较大，可以用万用表电阻挡测量核对。若电阻器内部或引线有缺陷，以致接触不良时，用手轻轻摇动引线，可以发现松动现象；用万用表测量时，指针指示不稳定。

（3）电位器的测量

1）测量电位器的阻值时，用万用表合适的电阻挡测量电位器两定片之间的阻值，其读数应为电位器的标称阻值。若万用表的指针不动或阻值相差很多，说明该电位器已损坏，如图 1–1–9 所示。

2）检查电位器的动片与电阻体的接触是否良好。用万用表表笔接电位器的动片和任一定片，并反复缓慢地旋转电位器的旋柄，观察万用表的指针是否连续、均匀地变化，其阻值应在 0 Ω 到标称阻值之间连续变化，如果变化不连续（如跳跃）或变化过程中阻值不稳定，说明电位器接触不良，如图 1–1–10 所示。测量过程中若万用表指针平稳移动而无跌落、跳跃或抖动等现象，说明电位器正常。

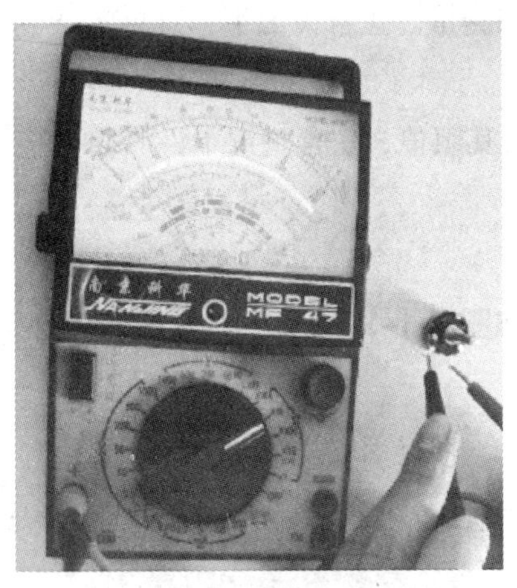

图 1–1–9　电位器的测量 1

图 1–1–10　电位器的测量 2

3）检查电位器各引脚与外壳及旋柄之间的绝缘电阻阻值，若不为∞，说明有漏电现象，如图 1–1–11 所示。

4）检查电位器的电源开关是否起作用，接触是否良好。

（4）电位器的质量判别

图 1–1–12 所示是最常见的碳膜电位器。焊片 1 和 3 两端的阻值是电位器的标称阻值，焊片 2 是动臂引出端（动片）。从外观上识别电位器，首先要检查引出端是否松动；转动旋柄时应感觉平滑，不应有过紧或过松现象；检查开关是否灵活，开关通断时“咯哒”声是否清脆；此外，听一听电位器内部接触点和电阻体摩擦的声音，若有“沙沙”声，说明质量不好。

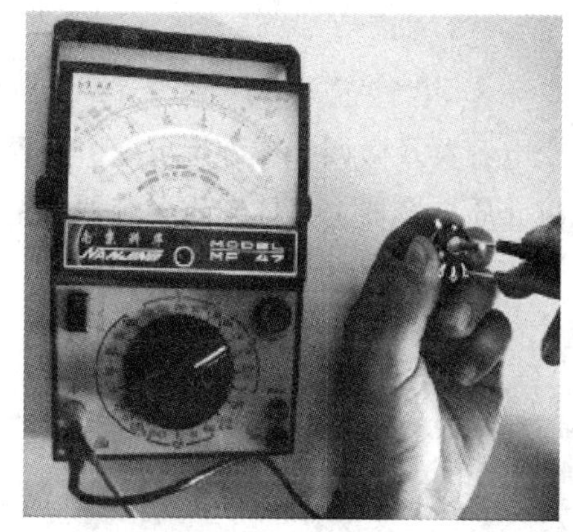

图 1-1-11　电位器的测量 3

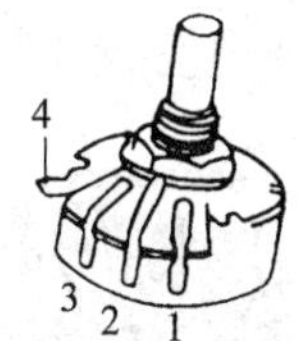

图 1-1-12　碳膜电位器

1、3—定片　2—动片　4—接地焊片

7. 电阻器、电位器的选用

（1）电阻器的选用

1）按不同用途选择电阻器的种类。在要求不高的电路中，一般选用碳膜电阻器就可以了。对于要求较高的电路或电路中的某些部分，要根据有关要求选用适当种类的电阻器。

2）正确选取标称阻值和允许偏差。电阻器应选择接近计算值的一个标称阻值。一般电路对其精度没有要求，选Ⅰ、Ⅱ级允许偏差即可。若电路有精度要求，应选用精密电阻器。

3）合理选择额定功率。电阻器的额定功率应比实际承受功率大 1.5~2 倍。在安装空间允许的情况下，可用额定功率大的电阻器代替额定功率小的电阻器。

（2）电位器的选用

1）根据电路实际要求，选择合适的型号。

2）根据用途选择相应阻值变化特性的电位器。

3）选用电位器时，应注意尺寸大小和旋柄的长度、轴端样式以及轴上是否需要锁紧装置等。需要经常调节的电位器，应选择轴端为平面的电位器，以便安装旋柄；不需要经常调节的电位器，可以选用轴端带有刻槽的电位器，调整好后不再经常转动。收音机中的音量控制电位器，一般选用带开关的电位器。

4）电位器的旋柄应放置灵活，松紧适当，无机械噪声。

二、电容器的识别与测试

电容器是由两个金属电极中间夹一层绝缘体（又称电介质）构成的。当在两个电极间加电压时，电容器上就会储存电荷，所以电容器是一种储能元件。电容器具有阻止直流通过、允许交流通过的特点，即“隔直通交”。电容器在电子电路中起着稳压、滤波等多种重要的作用。

1．电容器的分类

电容器按结构分为固定电容器、可变电容器及微调（或称半可变）电容器；按介质可分为固体有机介质电容器、固体无机介质电容器、气体介质电容器和电解质电容器。

常见的电容器如图 1-1-13 所示。

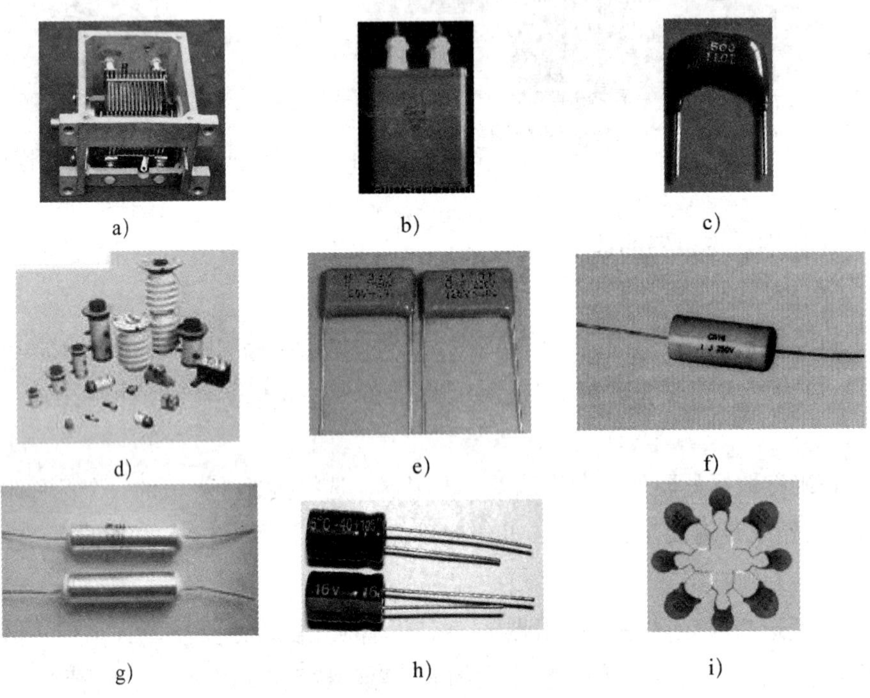

图 1-1-13 常见的电容器

a）空气介质电容器 b）纸介质电容器 c）云母电容器 d）瓷介质电容器 e）涤纶电容器 f）聚苯乙烯电容器 g）金属化纸介质电容器 h）电解质电容器 i）圆片电容器

电容器的电路符号如图 1-1-14 所示。

2．电容器的主要技术参数

（1）电容器的标称容量和允许偏差

不同材料制造的电容器，其标称容量也不一样，一般电容器的标称容量系列与电阻器采用的系列相同，即 E24、E12、E6 系列等。

电容器的实际电容量与标称容量的允许最大偏差，称为电容器的允许偏差。E24~E26 系列固定电容器的允许偏差分为 3 级：Ⅰ级为 ±5%，Ⅱ级为 ±10%，Ⅲ级为 ±20%。精密型电容器的允许偏差较小：00 级为 ±1%，0 级为 ±2% 等。对于 E3 系列电容器的允许偏

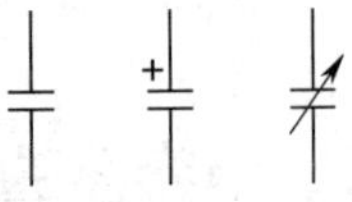

a） b） c）

图 1-1-14 电容器的电路符号

a）电容器一般符号 b）极性电容器 c）可调电容器

差，可以采用不对称偏差，见表 1–1–4。当固体无机介质电容器的标称容量小于 10 pF 时，所用允许偏差一般为绝对允许偏差，见表 1–1–5。

表 1–1–4　电容器不对称允许偏差及其含义　%

字母	H	R	T	Q	S	Z	无标记
含义	+100 0	+100 −10	+50 −10	+30 −10	+50 −20	+80 −20	+ 不规定 −20

表 1–1–5　电容器绝对允许偏差及其含义　pF

字母	B	C	D	E
含义	+100 0	+100 −10	+50 −10	+30 −10

（2）电容器的额定直流工作电压

电容器的额定直流工作电压是指在线路中能够长期可靠地工作而不被击穿时所能承受的最大直流电压（又称耐压）。它的大小与介质的种类和厚度有关，一般标注在外壳上。

此外，电容器的主要技术参数还有漏电电阻和漏电电流等。电容器的介质并不是绝对的绝缘体，或多或少有些漏电。一般小容量的电容器其漏电电阻阻值为∞，而大容量的电容器其漏电电阻阻值较小，造成漏电电流较大，易使电容器因过热而损坏。

3. 电容器的型号命名方法

电容器的产品型号一般由以下四个部分组成：

第一部分：主称，用字母 C 表示电容器。

第二部分：介质材料，用字母表示。

第三部分：分类，用数字表示。

第四部分：序号，用数字表示。

电容器的型号命名及意义见表 1–1–6。

4. 电容器参数的标注

（1）直标法

直标法是指在产品表面直接标注出产品的主要参数和技术指标的方法。

例如，在电容器上标注 33 μF ± 5%、32 V。

（2）文字符号法

文字符号法是指将需要标注的主要参数与技术指标用文字、数字及符号等有规律地组合标注在产品的表面。采用文字符号法时，将容量的整数部分放在容量单位符号前面，小数部分放在容量单位符号后面。

表 1-1-6 电容器的型号命名及意义

第一部分：主称		第二部分：介质材料		第三部分：分类					第四部分：序号
					意义				
符号	意义	符号	意义	符号	瓷介质电容器	云母电容器	电解质电容器	有机介质电容器	
		S	3 类陶瓷	1	圆片	非密封	箔式	非密封	
		T	2 类陶瓷	2	管形	非密封	箔式	非密封	
		Y	云母	3	叠片	密封	烧结粉、非固体	密封	略
C	电容器	Z	纸	4	独石	独石	烧结粉、固体	密封	
		J	金属化纸	5	穿心			穿心	
		I	玻璃釉	6	支柱		交流	交流	
		D	铝电解	7			无极性	片式	

例如，3.3 pF 标注为 3p3；1 000 pF 标注为 1n；6 800 pF 标注为 6n8；2.2 μF 标注为 2μ2。

（3）数字表示法

体积较小的电容器常用数字表示法（数码法）。一般用三位整数表示，第一、二位为有效数字，第三位表示有效数字后面零的个数，单位为 pF，但是当第三位数是 9 时表示 10^{-1}。例如，“243”表示容量为 24 000 pF。图 1-1-15 所示为电容器容量的数字表示法。

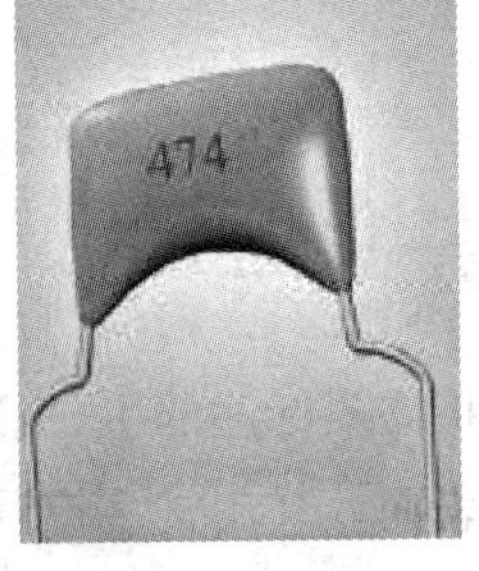

图 1-1-15 数字表示法

（4）色标法

电容器的色标法原则上与电阻器类似，其单位为 pF。当色环要表示两个重复的数字时，可用宽一倍的色环来表示。电容器各色环的含义如图 1–1–16 所示。

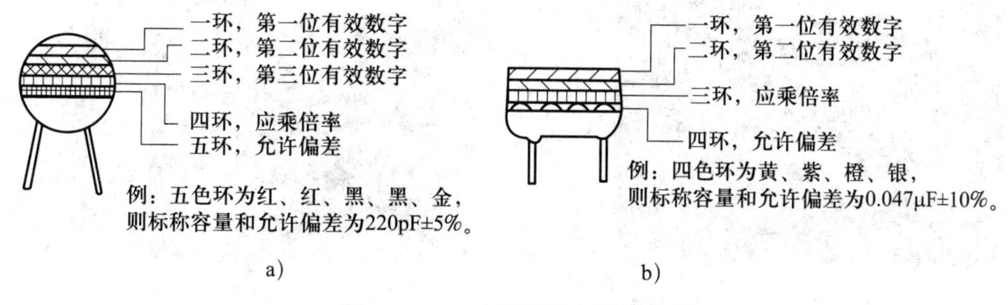

图 1–1–16 电容器各色环的含义

a）五色环表示法 b）四色环表示法

5. 电容器的测试

（1）小容量电容器的测试

测试容量为 6 800 pF～1 μF 的电容器时，用 $R\times10$ k 挡，红、黑表笔分别接电容器的两根引脚，在表笔接通的瞬间应能看到表针有很小的摆动，若未看清表针的摆动，可将红、黑表笔互换一次再测，此时，表针的摆动幅度应略大一些，根据表针摆动情况判断电容器质量。其测试方法如图 1–1–17 所示。

1）接通瞬间表针有摆动，然后返回至∞，说明电容器良好，且摆幅越大，容量越大。

2）接通瞬间表针不摆动，说明电容器失效或断路。

3）接通瞬间表针摆幅很大，且停在那里不动，说明电容器已击穿（短路）或严重漏电。

4）接通瞬间表针摆动正常，不能返回至∞，说明电容器有漏电现象。

注意，测试容量小于 6 800 pF 的电容器时，由于容量太小，用万用表电阻挡测试时无法看到表针的摆动，此时只能测试电容器是否漏电和被击穿，而不能测试其是否存在开路或失效故障。

测试容量小于 6 800 pF 的电容器时，可借助一个外加直流电源，把万用表调到相应的直流电压挡，黑表笔接直流电源负极，红表笔串接被测电容器后接直流电源正极，根据指针摆动情况判别电容器的质量。小于 6 800 pF 电容器的测试方法如图 1–1–18 所示。

（2）电解质电容器的测试

电解质电容器（以下简称为电解电容器）是电路中应用较多的一种极性固定的电容器。按其正极使用材料的不同可分为 CD 型铝电解电容器、CA 型钽电解电容器、CN 型铌电解电容器，它们的负极是液体、半液体或胶状电解液。

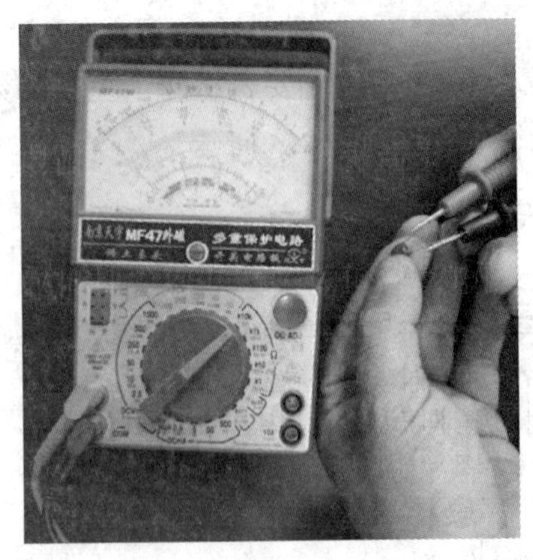

图 1–1–17　6 800 pF ~ 1 μF 电容器的测试方法

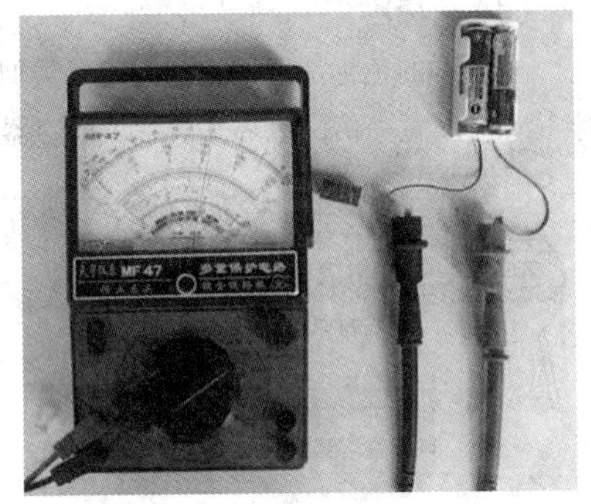

图 1–1–18　小于 6 800 pF 电容器的测试方法

电解电容器与普通固定电容器的不同主要体现在两个方面：一是电解电容器有正、负极之分；二是电解电容器的容量较大，一般大于 1 μF（从几微法到几千微法）。

对电解电容器的测试，主要是测量其容量和漏电电流。对已失去正、负极标志（通常用“+”或“–”表示正极或负极引脚，也有用长引脚表示正极引脚的）的电解电容器，还应进行极性判别。

用万用表电阻挡测试电解电容器的方法如下：

1）选择电阻挡来识别或估测（已失去标志）电解电容器的容量，低于 10 μF 选用 $R\times10$ k 挡；10~100 μF 选用 $R\times1$ k 挡；大于 100 μF 选用 $R\times100$ 挡，如图 1–1–19 所示。

图 1–1–19　选择电阻挡

2）用黑表笔接电解电容器的正极，红表笔接负极，测量其正向电阻（图 1–1–20），表针先向右做大幅度摆动，然后再慢慢回到 ∞ 的位置。再次将电容器的两根引脚短路后，用黑表笔接电解电容器的负极，红表笔接正极，测量其反向电阻（图 1–1–21），表针先向右摆动，再慢慢返回，但一般不能回到 ∞ 的位置。测试过程中，若与上述不符，则说明电解电容器已损坏。

对失掉正、负极标志的电解电容器，可以先用万用表的两根表笔进行一次测试，同时观察并记住表针向右摆动的幅度；然后将两只表笔对调再进行测试。两次测试中，表针摆幅较小的那次万用表黑表笔所接的引脚为正极，另一脚为负极。

注意，每次在测试电容器之前，要先将电容器的两只引脚短接一下进行放电，如图 1–1–22 所示。

图 1–1–20 测量正向电阻

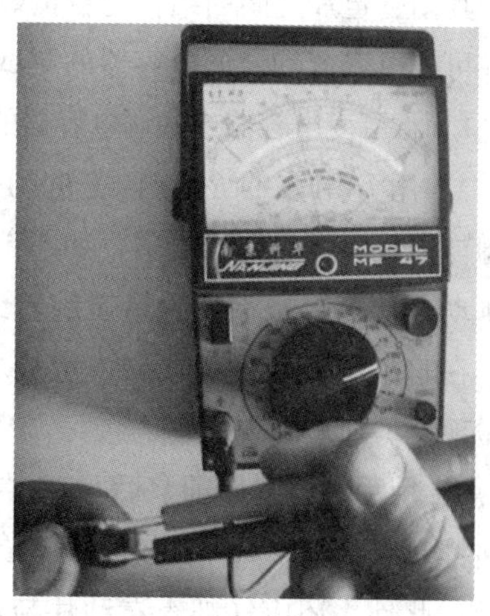

图 1–1–21 测量反向电阻

（3）可变电容器和微调电容器的测试

可变电容器和微调电容器是电容量可以连续变化的电容器。前者的容量可以在较大范围内连续变化，后者的容量变化范围较小。微调电容器通常与可变电容器一起使用。

可变电容器的种类很多，按介质的不同，可分为空气介质和固体介质可变电容器；按结构不同，可分为单联、双联和多联可变电容器；按容量随旋转角度变化规律的不同，可分为直线电容式、直线波长式、直线频率式和对数电容式可变电容器。可变电容器的外形如图 1–1–23 所示。

图 1–1–22 电容器放电

图 1–1–23 可变电容器的外形

微调电容器又称半可变电容器。收音机中的微调电容器可分为瓷介质、有机薄膜介质和拉线微调电容器。

对微调电容器和可变电容器难以进行有效的测试，主要是识别其容量变化规律和判断其动、定片之间的结构是否良好以及是否碰片、漏电。

可变电容器和微调电容器的测试步骤如下：

1）将可变电容器或微调电容器的动片全部旋出。

2）用万用表的 $R\times1$ k 或 $R\times10$ k 挡测量动片引脚与定片引脚之间的电阻，如图 1-1-24 所示。用手将动片从一个极端位置慢慢旋转到另一个极端位置，在整个旋转角度内，动、定片之间不应有任何相碰现象（即短路现象）。

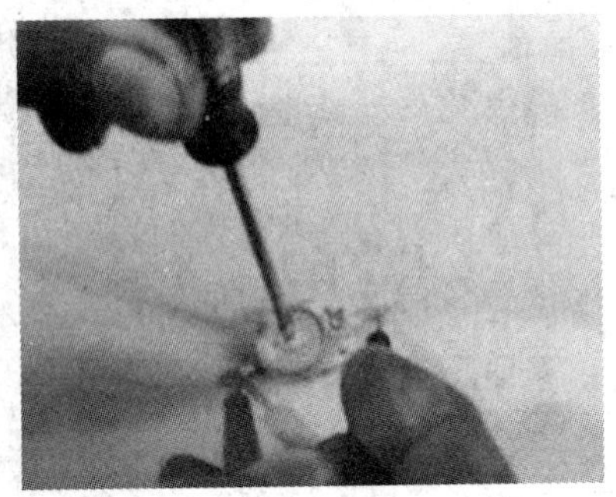

图 1-1-24　测量动片引脚与定片引脚之间的电阻

3）用手将动片向前、后、左、右、上、下各个方向推动时，其转轴不应有松动现象，如图 1-1-25 所示。此外，还应仔细查看动片与转轴之间、定片与基座之间的固定是否牢固、有无松脱现象，如图 1-1-26 所示。

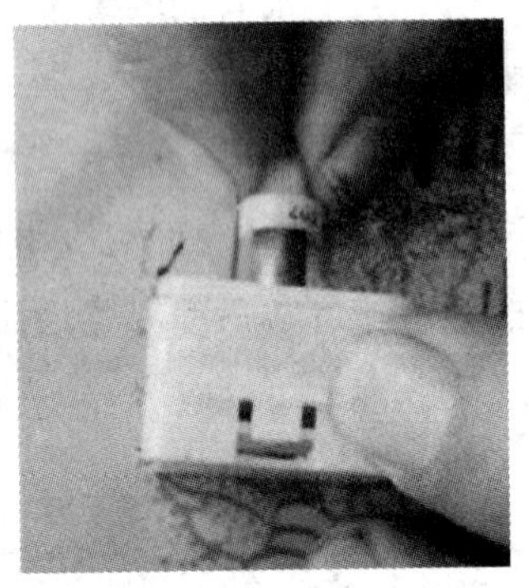

图 1-1-25　检查转轴是否松动

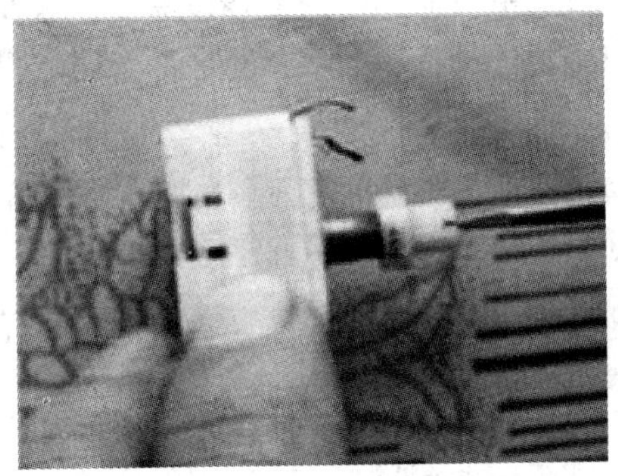

图 1-1-26　检查电容器的松脱现象

6．电容器的选用

选用电容器时，不仅要考虑电容器的各种性能，还应考虑它的体积、质量等因素，同时还应考虑电路的要求及电容器所处的工作环境。

一般来说，低频耦合、旁路等场合应选用纸介质和涤纶电容器；高频与高压电路应选用云母和瓷介质电容器；滤波与退耦电路应选用电解电容器，有极性的电解电容器只能用于直流或直流脉动电路中。在调谐电路中，可选用云母、陶瓷等电容器，也可并联半可变电容器进行微调。此外，利用瓷介质电容器的温度特性，可以在电路中做温度补偿。

电容器损坏需更换时，应尽可能按原型号替换，若购买不到所需型号，应考虑代换。代换原则：标称容量基本相同，代换电容器的耐压值不低于原电容器的耐压值，高频电容器可代换低频电容器，反之，代换效果不好。

三、电感器的识别与测试

凡能产生自感、互感作用的器件均称为电感器。在无线电整机中，电感器一般分为电感线圈和变压器两类。

1. 电感器的分类

（1）电感线圈的分类

电感线圈的种类很多，分类标准也不一样。通常按电感量变化情况分为固定电感器、可变电感器、微调电感器等；按电感线圈内介质的不同分为空心电感器、铁芯电感器、磁芯电感器、铜芯电感器等；按绕制特点分为单层电感器、多层电感器、蜂房式电感器等；按功能分为电视偏转线圈、振荡线圈、扼流线圈等。常见电感器的外形及电路符号如图 1–1–27 所示。

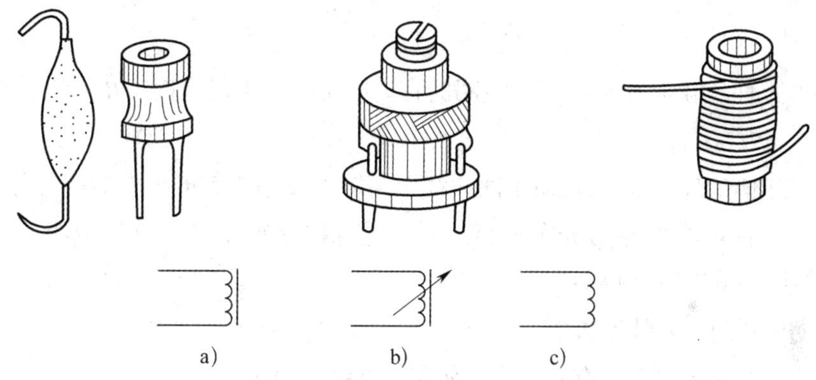

图 1–1–27 常见电感器的外形及电路符号

a）磁芯电感器 b）带磁芯连续可变的电感器 c）空心电感器

（2）变压器的分类

变压器的种类很多，按芯的材料可分为空气芯、磁芯、可调磁芯及铁芯变压器；按工作频率可分为低频、中频、高频变压器；按结构形式可分为芯式、壳式、环形、金属箔变压器；按用途可分为电源调压、脉冲、耦合、线间变压器等。常见变压器的外形及电路符号如图 1–1–28 所示。

2. 电感器的主要技术参数

（1）电感线圈的主要技术参数

1）电感量 L。线圈的电感量 L 也称自感系数或自感，是表示线圈产生自感能力的一个物理量。其单位有亨（H）、毫亨（mH）和微亨（μH）等。

2）品质因数 Q。线圈的品质因数也称优质因数，是表示线圈质量的一个物理量。它是指线圈在某一频率为 f 的交流电压下工作时所呈现的感抗（ωL）与等效损耗电阻 $R_{等效}$之比。即：

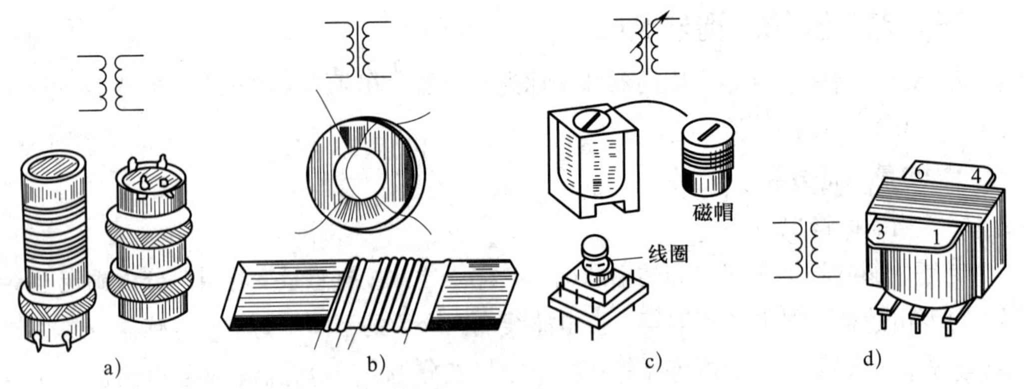

图 1-1-28　常见变压器的外形及电路符号

a）空气芯变压器　b）磁芯变压器　c）可调磁芯变压器　d）铁芯变压器

$$Q=\frac{\omega L}{R_{等效}}=\frac{2\pi fL}{R_{等效}}$$

频率较低时，可认为 $R_{等效}$ 等于线圈的直流电阻；频率较高时，$R_{等效}$ 应包括各种损耗在内的总等效电阻。

3）分布电容 C。线圈的匝与匝间、线圈与屏蔽罩间（有屏蔽罩时）、线圈与磁芯和底板间存在的电容均称为分布电容。分布电容的存在使线圈 Q 值减小，稳定性变差，因而线圈的分布电容越小越好。

（2）变压器的主要技术参数

变压器的主要技术参数有变压比、效率、绝缘电阻等。

3. 电感器的型号命名方法

（1）电感线圈的型号命名方法

电感线圈的型号一般由以下四个部分组成：

第一部分：主称，用字母 L 表示电感线圈，用 ZL 表示阻流圈。

第二部分：特征，用字母 G 表示高频。

第三部分：结构形式，用字母表示。

第四部分：区分代号，用数字表示。

（2）变压器的型号命名方法

变压器的型号一般由以下三个部分组成：

第一部分：主称，用字母表示。

第二部分：功率，用数字表示，计量单位为 V · A 或 W。

第三部分：序号，用数字表示。

4. 电感器参数的识别

较大体积的电感线圈，其电感量及标称电流均在外壳标出。变压器的额定功率、变压比和效率也都标在外壳上。

此外，还有一种小型固定高频电感线圈，也称色码电感器，其外壳上标以色环或直接用数字表示电感量，其色码标示规则与电阻器、电容器色码标示规则相同，单位为 mH。SL 型（卧式）电感线圈识别示例如图 1–1–29 所示；EL 型（立式）电感线圈识别示例如图 1–1–30 所示。

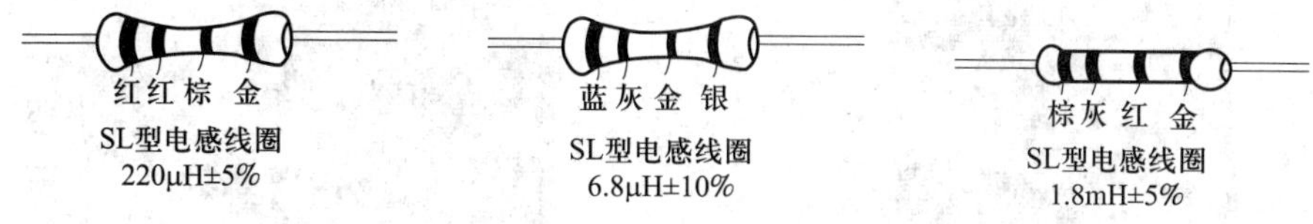

图 1–1–29 SL 型电感线圈识别示例

5. 电感器的测试

（1）电感线圈的测试

要准确测试电感线圈的电感量 L 和品质因数 Q，一般需要专用仪器。在实际工作中，多不进行这种测试，而是根据电路的具体要求结合具体的电感线圈，对性能进行推断和简易测试。

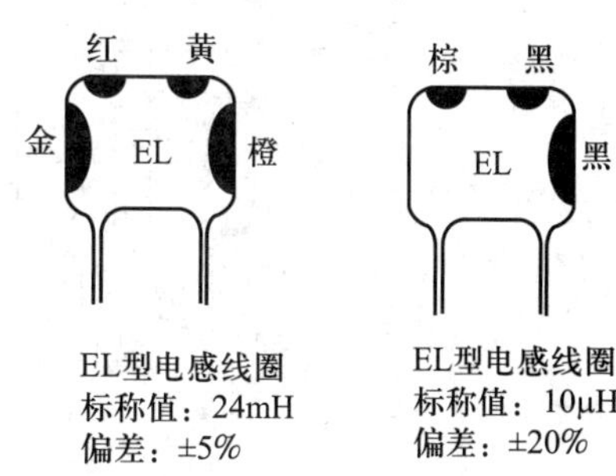

图 1–1–30 EL 型电感线圈识别示例

1）用万用表测量线圈电阻可大致判别其质量好坏，一般电感线圈的直流电阻很小（为零点几欧到几十欧），低频扼流线圈的直流电阻也只有几百至几千欧。万用表电阻挡位的选择如图 1–1–31 所示。

2）当被测线圈的阻值为∞时，说明线圈内部或引出端断路；当被测线圈的阻值远小于正常值或接近零时，说明线圈局部短路。使用万用表判断线圈局部短路故障有一定的难度，使用代换法测试更为可靠。用万用表测量电感线圈如图 1–1–32 所示。

3）伏安法测电感，如图 1–1–33 所示。使可变电阻 RP 的阻值为 3 140 Ω，调节自耦变压器使其输出电压 U 在 RP 上的分压 U_{RP}=10 V，则该线圈的电感量 L 与线圈两端的电压降 U_{Lr} 数值相同，单位为 H；当 L 值较小时，为了提高 U_{Lr} 读数的准确性，取 U_{RP}=100 V，此时 L 的数值为 U_{Lr} 数值的 0.1 倍，单位为 H。

对电感线圈电感量的测量，要根据电路的要求进行针对性的处理。对于高频电感线圈的电感量一般不直接进行测量，而是在电路中根据使用效果进行适当的调整，以决定其电感量是否合适；对于电源滤波电路中使用的低频扼流线圈，对 Q 值要求不严格，而电感量的大小对滤波效果影响较大，此时可用伏安法测量。

（2）普通变压器的测试

电源变压器、音频输入变压器及馈送变压器使用前或经修理后，都应进行测试。

图 1–1–31　万用表电阻挡位的选择

图 1–1–32　用万用表测量电感线圈

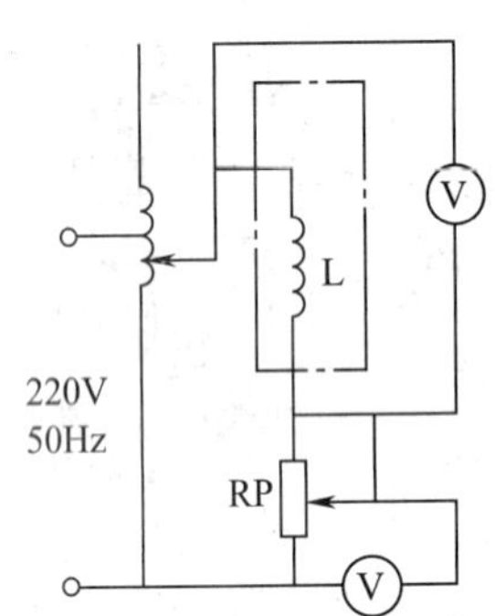

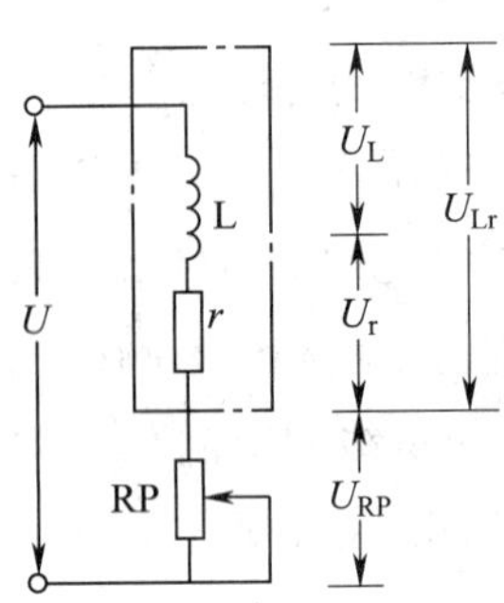

图 1–1–33　伏安法测电感

1）外观检查。外观检查就是根据变压器外观有无异常情况，判断其质量好坏，如线圈引线是否断线、脱焊；线圈外层的绝缘材料是否烧焦变色，是否有机械损伤和表面破损；铁芯插装及紧固情况是否良好等。外观检查如图 1–1–34 所示。

2）用兆欧表测量绝缘电阻。对于小型电源变压器和阻流圈，用 1 000 V 兆欧表测量其绝缘电阻，起摇 1 min 后测得的阻值应大于 1 000 MΩ，如图 1–1–35 所示。

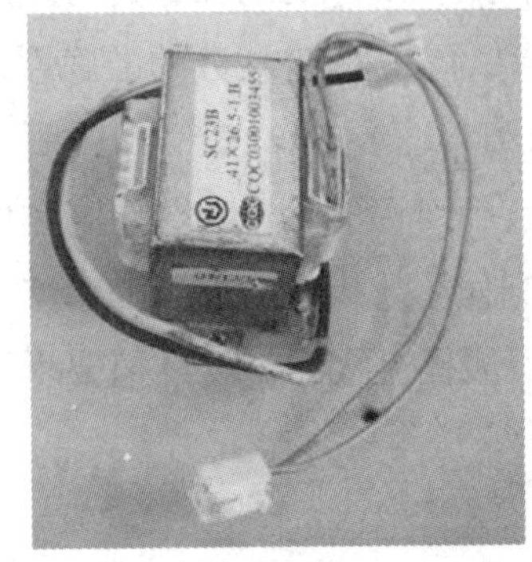

图 1–1–34　外观检查

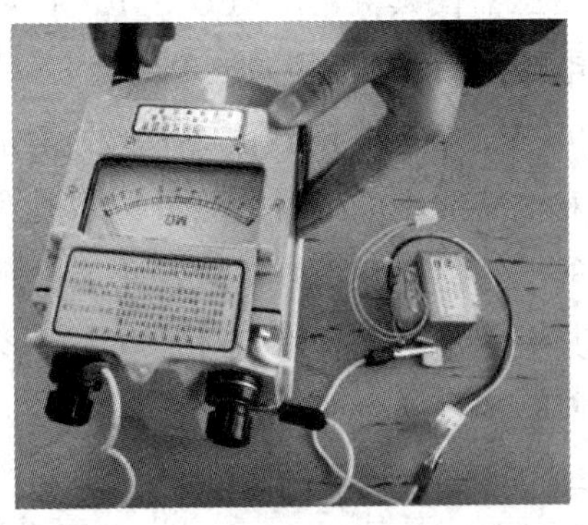

图 1–1–35　用兆欧表测量绝缘电阻

变压器的绝缘电阻阻值与其本身的温度、绝缘材料的湿度、所加测试电压的高低以及时间长短有关。

若无兆欧表，可用万用表 $R\times10\text{ k}$ 挡进行阻值估测，如图 1-1-36 所示。

3）用万用表检查线圈通断，如图 1-1-37 所示。注意调零时一定要准确，并保证表笔与线圈端头接触良好。所测各种线圈的直流电阻阻值应小于正常值的 5%。若测量结果远大于正常值，说明线圈接触不良或有断路故障；反之，若测量结果远小于正常值或零，说明线圈有短路故障。

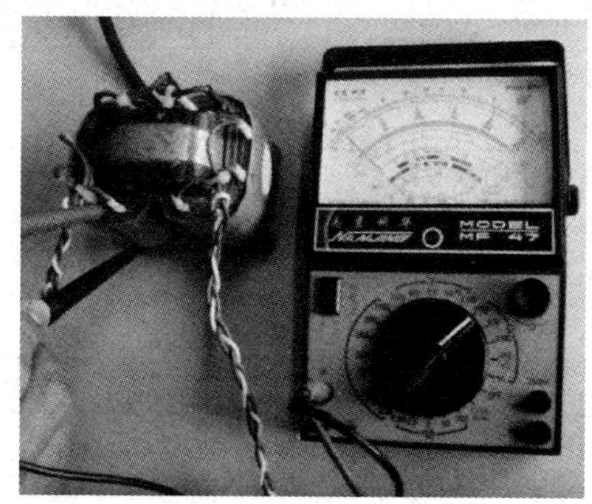

图 1-1-36　用万用表 $R\times10\text{ k}$ 挡进行阻值估测

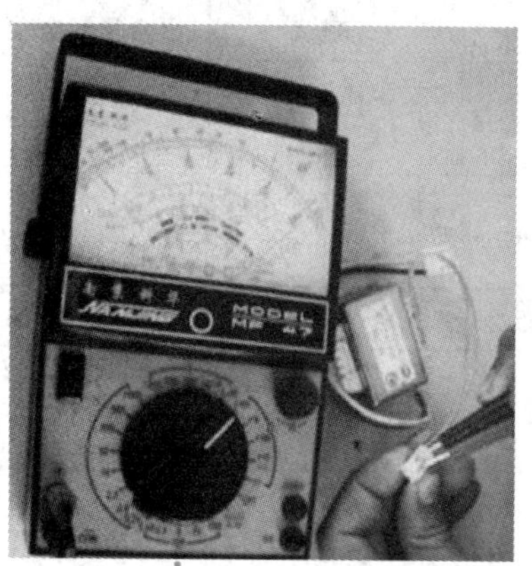

图 1-1-37　用万用表检查线圈通断

技能训练

1．训练内容

电阻器、电位器、电容器、电感器的识别与测试。

2．材料和仪表（表 1-1-7）

表 1-1-7　材料和仪表

材料和仪表	数量	材料和仪表	数量
各类电阻器（包括无标注的电阻器）	各 1 只	各类电感器（包括坏电感器）	各 1 只
各类电位器	各 1 只	万用表	1 只
各类电容器（包括坏电容器）	各 1 只	电阻板	若干

3. 评分标准（表 1-1-8）

表 1-1-8　评分标准

序号	项目内容	评分标准	配分	扣分	得分
1	电阻器的识别与测试	（1）1 min 内读出色环电阻阻值，满分 20 分，每错 1 个扣 2 分 （2）3 min 内测量无标志电阻阻值，满分 10 分，每错 1 个扣 2 分	30 分		
2	电位器的识别与测试	（1）不会判别电位器好坏扣 10 分 （2）不会识别电位器扣 10 分	20 分		
3	电容器的识别与测试	（1）不会判别电容器好坏扣 10 分 （2）不会识别电容器扣 10 分	20 分		
4	电感器的识别与测试	（1）不会判别电感器好坏扣 10 分 （2）不会识别电感器扣 10 分	20 分		
5	安全文明生产	违反安全文明生产扣 5～10 分	10 分		
时间：1 h		备　注	合　计	100 分	
			教师签字		

4. 训练步骤

（1）电阻器和电位器的识别与测试

1）识别电阻器

①在电阻板上（每块电阻板可放置不同的色环电阻 20 只）注明各色环电阻的阻值，并相互交换，反复练习识别速度和准确性。

②在标注具体阻值的电阻板上（每块电阻板可放置不同阻值的电阻 20 只）注明各电阻的色环和分类，并相互交换，反复练习。

2）用万用表测量电阻。选用无色环、无数值标注的不同阻值的电阻若干只，用万用表测量其阻值，要求测量快速、准确。

3）用万用表测量电位器

①测量两固定端的阻值。

②测量中间滑动片与固定端之间的阻值，旋转电位器，观察其阻值变化情况。

4）结果记录。将识别、测量结果填入表 1-1-9 中。

表 1-1-9　电阻器与电位器识别及测量结果

由色环写出具体数值				由具体数值写出色环			
色环	阻值	色环	阻值	阻值	色环	阻值	色环
棕黑黑		棕黑红		0.5 Ω		2.7 kΩ	
红黄黑		紫棕棕		1 Ω		3 kΩ	
橙橙黑		橙黑绿		36 Ω		5.6 kΩ	

续表

由色环写出具体数值				由具体数值写出色环			
色环	阻值	色环	阻值	阻值	色环	阻值	色环
黄紫橙		蓝灰橙		220 Ω		6.8 kΩ	
灰红红		红紫黄		470 Ω		8.2 kΩ	
白棕黄		紫绿棕		750 Ω		24 kΩ	
黄紫棕		棕黑橙		1 kΩ		39 kΩ	
橙黑棕		橙橙橙		1.2 kΩ		47 kΩ	
紫绿红		红红红		1.8 kΩ		100 kΩ	
白棕棕		白灰黑		2 kΩ		150 kΩ	
电位器测量	固定端之间的阻值		滑动片与固定端之间的阻值			质量好坏	

（2）电容器的识别与测试

先在若干个电容器中除去不能使用的电容器（短路和断路的电容器），然后在好的电容器中确定其漏电阻阻值，并判别哪些是电解电容器。自行绘制表格进行记录。

（3）电感器的识别与测试

使用万用表对各类线圈进行一般质量检查，并判断电感器的好坏。

自行绘制表格进行记录。

提示

（1）测量元件时，不要将人体电阻并入。

（2）每次改变万用表电阻挡量程时都要调零。

任务 2　分立半导体器件的识别与测试

学习目标

1. 能识别二极管、三极管、晶闸管和单结晶体管等元器件。

2. 能熟练进行二极管、三极管、晶闸管和单结晶体管等元器件的测试。

一、二极管的识别与测试

二极管以PN结为核心、在PN结两端各引出一个电极并加管壳封装而成，如图1–1–38a所示。P区的引出端称为正极（阳极），N区的引出端称为负极（阴极），其文字符号为VD，结构和图形符号如图1–1–38b所示。

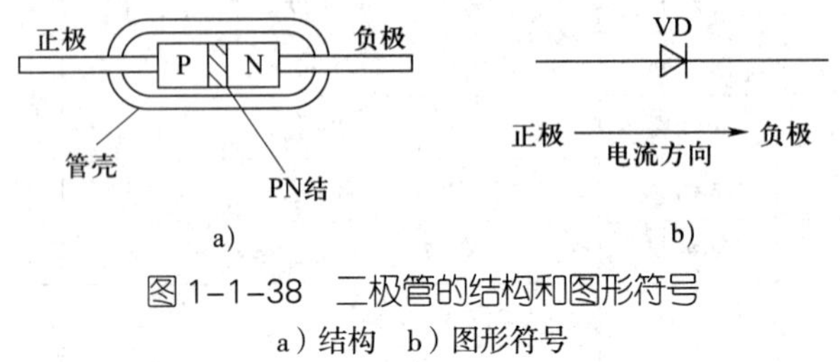

图1–1–38 二极管的结构和图形符号

a）结构 b）图形符号

1. 二极管的分类

按制造工艺不同，二极管可以分为点接触型、面接触型和平面型二极管。点接触型二极管具有结电容小、允许通过的电流小等特点，常用于高频、检波等（结电容的大小与PN结面积有关）。面接触型二极管由于结电容较大，只能在低频下工作，但其允许通过的电流较大，常用于整流等。平面型二极管PN结的面积较小时，结电容小，可用于脉冲数字电路中；PN结的面积较大时，结电容大，允许通过的电流较大，可用于大功率整流。

二极管按材料可以分为硅管和锗管，按用途可以分为检波管、整流管、稳压管和开关管等。

二极管外加正向电压呈低阻性而导通，外加反向电压呈高阻性而截止，即二极管具有单向导电性。

2. 二极管的型号命名方法

二极管的型号命名方法见表1–1–10。

3. 二极管的主要技术参数

（1）最大整流电流 I_{FM}

二极管长期运行允许通过的最大正向平均电流称为最大整流电流，又称额定工作电流，它由PN结面积和散热条件决定。

（2）最大反向工作电压 U_{RM}

保证二极管正常工作而不被击穿的电压称为最大反向电压，又称额定工作电压。一般情况下，最大反向工作电压约为击穿电压的一半。

（3）最大反向电流 I_{RM}

最大反向电流是指最大反向工作电压下的反向电流，此值越小，二极管的单向导电性越好。

表 1–1–10 二极管的型号命名方法

第一部分		第二部分		第三部分				第四部分	第五部分
用数字表示器件的电极数目		用汉语拼音字母表示器件的材料和极性		用汉语拼音字母表示器件的类型				用数字表示登记顺序号	用汉语拼音字母表示规格号
符号	意义	符号	意义	符号	意义	符号	意义		
2	二极管	A	N 型，锗材料	P	小信号管	C	变容管		
		B	P 型，锗材料	Z	整流管	V	检波管		
		C	N 型，硅材料	W	电压调整管和电压基准管	N	噪声管		
		D	P 型，硅材料	K	开关管	F	限幅管		
		E	化合物或合金材料	L	整流堆				

4．二极管的识别与测试

常用的二极管有 2AP、2CP、2CZ 系列。2AP 主要用于检波和小电流整流，2CP 主要用于较小功率的整流，2CZ 主要用于大功率整流。一般在二极管的管壳上注有极性标记，若无标记，可利用二极管的正向电阻阻值小、反向电阻阻值大的特点来判别其极性，同时也可利用这一特点判断二极管的好坏。判断二极管好坏常用万用表的电阻挡，对于耐压低、电流小的二极管，只能用万用表的 $R\times100$ 或 $R\times1$ k 挡。

（1）性能判别

用万用表的 $R\times100$ 或 $R\times1$ k 挡判别二极管的性能时，要注意调零，其测试方法如图 1–1–39 所示。二极管正、反向电阻阻值相差越大越好。两者相差越大，说明二极管的单向导电特性越好；如果二极管的正、反向电阻阻值相近，说明二极管已损坏。若正、反向电阻阻值都很小或为零，说明二极管已被击穿，两电极已短路；若正、反向电阻阻值都很大，说明二极管内部已断路，不能使用。

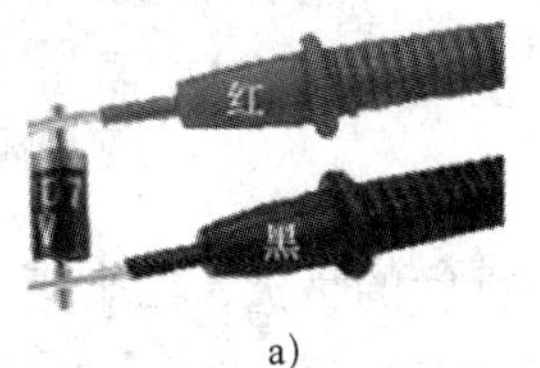

a)

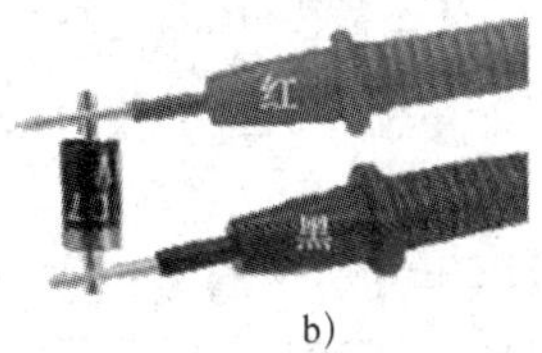

b)

图 1–1–39 二极管的测试方法

a）正向电阻小 b）反向电阻大

二极管的主要故障有断路、击穿、单向导电性变劣（正向电阻阻值变大或反向电阻阻值变小）等。通常，二极管的正、反向电阻阻值相差越大，其单向导电性越好。

（2）极性判别

在测试正、反向电阻时，若测得的电阻阻值较小，与黑表笔相连的电极是二极管的正极；若测得的电阻阻值较大，则与黑表笔相连的电极是二极管的负极。

由于二极管的正、反向电阻阻值和测量电流大小相关，所以同一个二极管的正、反向电阻用不同的电阻挡测量出来的阻值会有差别。

直观识别二极管的极性：二极管的正负极都标在外壳上，其标注形式有的是采用电路符号，有的是用色点或标志环来表示，还有的借助二极管的外形特征来识别。

（3）用兆欧表检测二极管的反向击穿电压

用兆欧表的 E 端（带正电）接被测二极管的负极，L 端接正极。按 120 r/min 的转速摇动兆欧表，使二极管进入反向击穿状态，二极管两端电压 U_{EL} 箝位于击穿电压 U_{BR} 上，利用万用表直流电压挡可以直接读出 U_{BR} 的值。由于兆欧表的内阻很大，输出电流仅为 1 mA 左右，故被测二极管呈现软击穿状态，不会造成硬击穿，如图 1–1–40 所示。

5. 稳压二极管的识别

（1）稳压二极管和普通二极管的识别

1）用 $R\times1$ 挡判别二极管的正、负引脚。稳压二极管在反向击穿前的导电特性与一般二极管相似，因而可以通过检测正、反向电阻的方法来判别其极性，如图 1–1–41 所示。

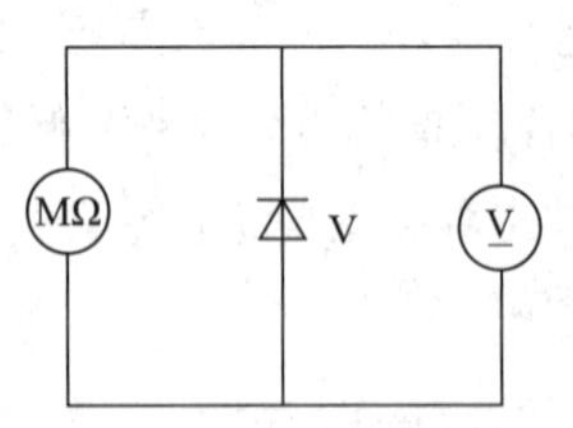

图 1–1–40　用兆欧表检测二极管的反向击穿电压

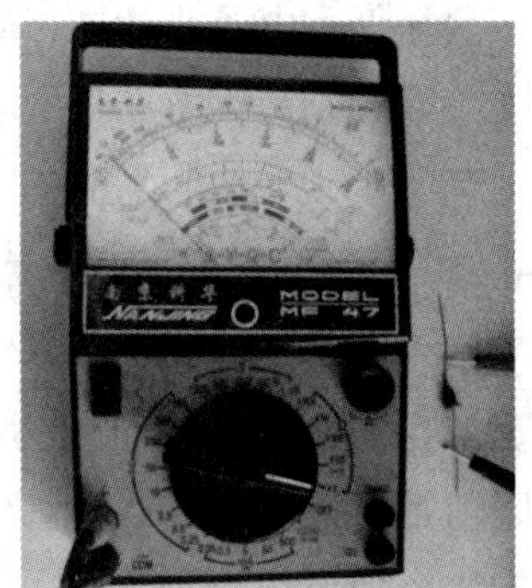

图 1–1–41　稳压二极管与普通二极管的识别 1

2）将万用表拨至 $R\times10$ k 挡，黑表笔接二极管的负极，红表笔接二极管的正极，若此时测得的反向电阻阻值变得很小，说明该管为稳压二极管；若测得的反向电阻阻值仍很大，说明该管为普通二极管，如图 1–1–42 所示。

（2）三根引脚的稳压二极管和三极管的识别

假设被测管是三根引脚的稳压二极管，将万用表拨至 $R\times1$ k 挡，用黑表笔任接一根引脚，红表笔分别接另外两根引脚，测得第一组两个电阻的阻值；将黑表笔换一根引脚，用同样的方法测第二组两个电阻的阻值；重复此方法，获得第三组两个电阻的阻值。在三组数值中若有一组的两个阻值十分接近且为最小，则黑表笔所接引脚为稳压二极管的 3 脚，如图 1–1–43 所示。

三根引脚的稳压二极管外形与三极管的外形相同，当管壳上的型号脱落时，可以用万用表加以区分。

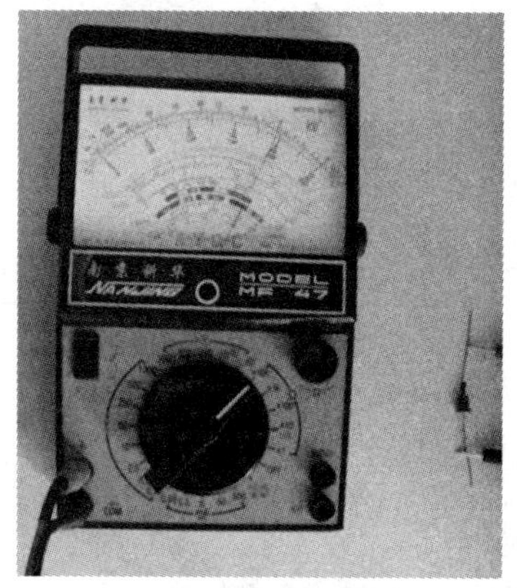

图 1–1–42　稳压二极管与普通二极管的识别 2

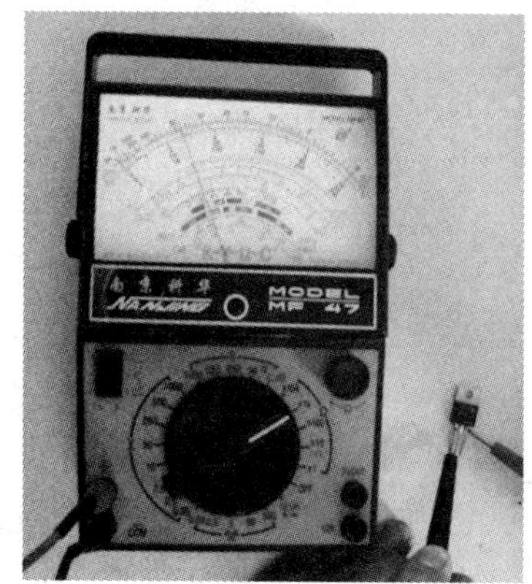

图 1–1–43　三根引脚的稳压二极管与三极管的识别

二、三极管的识别与测试

1. 三极管的结构

在一块半导体的基片上通过一定的工艺制作出两个 PN 结就构成了三层半导体，从三层半导体上各引出一根引线就是三极管的三个电极，再封装在管壳里就制成了三极管。三个电极分别称为发射极 E、基极 B、集电极 C，对应的每层半导体分别称为发射区、基区和集电区，发射区和基区交界的 PN 结称为发射结，集电区和基区交界的 PN 结称为集电结。按基片是 N 型半导体还是 P 型半导体划分，三极管有 NPN 型和 PNP 型两种组合形式。三极管的文字符号为 VT，结构和图形符号如图 1–1–44 所示。常见三极管的外形如图 1–1–45 所示。

三极管的结构具有以下特点：

（1）发射区的掺杂浓度远大于基区的掺杂浓度。

（2）基区非常薄，约几微米到几十微米。

（3）集电区掺杂浓度小，集电结的面积比发射结的面积大。

要使三极管具有电流放大作用，必须在其发射结上加正向偏置电压，在集电结上加反向偏置电压。对于 NPN 型三极管，C、B、E 三个电极的电位必须符合 $U_C>U_B>U_E$；对于 PNP 型三极管，与 NPN 型相反，应符合 $U_C<U_B<U_E$。

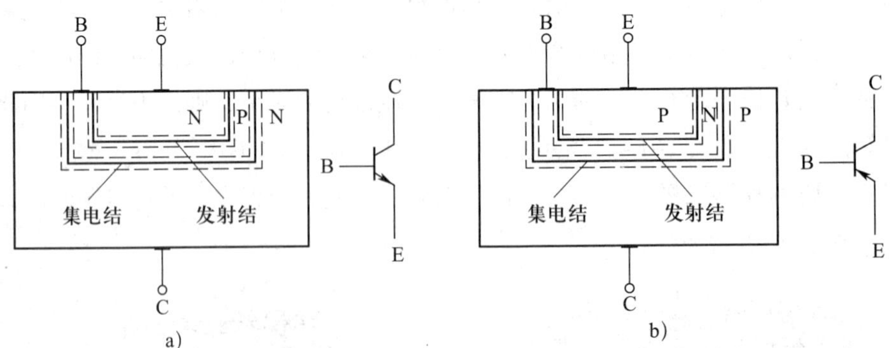

图 1-1-44　三极管的结构和图形符号

a）NPN 型　b）PNP 型

图 1-1-45　常见三极管的外形

三极管电流放大作用的实质：用基极小电流 I_B 的变化去控制集电极电流 I_C 的变化。三极管内部电流分配关系为：

$$I_E=I_B+I_C$$

2. 三极管的型号命名方法

三极管的型号命名方法见表 1-1-11。

3. 三极管的主要技术参数

三极管的主要技术参数包含性能参数和极限参数两大类。

（1）性能参数

1）电流放大系数

①共发射极电路交流电流放大系数 β　在共发射极电路中，当 U_{CE} 为规定值时，集电极电流的变化量与基极电流变化量的比值，称为共发射极电路交流电流放大系数，习惯上称为电流放大系数 β。其定义式为：

表 1-1-11 三极管的型号命名方法

第一部分		第二部分		第三部分		第四部分	第五部分
用数字表示器件的电极数目		用汉语拼音字母表示器件的材料和极性		用汉语拼音字母表示器件的类型		用数字表示登记顺序号	用汉语拼音字母表示规格号
符号	意义	符号	意义	符号	意义		
3	三极管	A	PNP 型，锗材料	X	低频小功率管		
		B	NPN 型，锗材料	G	高频小功率管		
		C	PNP 型，硅材料	D	低频大功率管		
		D	NPN 型，硅材料	A	高频大功率管		
		E	化合物或合金材料	T	闸流管		
				Y	体效应管		
				B	雪崩管		
				J	阶跃恢复管		

$$\beta=\frac{\Delta I_C}{\Delta I_B}$$

②共发射极电路直流电流放大系数 h_{FE} 在共发射极电路中，当 U_{CE} 为规定值且无交流信号输出时，集电极电流 I_C 和基极电流 I_B 的比值，称为共发射极电路直流电流放大系数。其定义式为：

$$h_{FE}=\frac{I_C}{I_B}$$

为了使用方便，取 $\beta \approx h_{FE}$，并且把 β 作为常数。

2）集电极－基极反向饱和电流 I_{CBO}。发射极开路，在集电极和基极之间加一规定的反向偏置电压时的反向电流，称为集电极－基极反向饱和电流。其本质是集电结反偏时的电流。I_{CBO} 越小，单向导电性能越好。

3）集电极－发射极反向饱和电流 I_{CEO}。当基极开路（I_B=0），在集电极和发射极之间加一规定的反向偏置电压时的反向电流，称为集电极－发射极反向饱和电流，又称为穿透电流。I_{CEO} 与 I_{CBO} 有如下关系：

$$I_{CEO}=(1+\beta)I_{CBO}$$

三极管工作在放大区时，集电极电流 $I_C=\beta I_B+I_{CEO}$。当温度升高时，I_{CEO} 增加很快，使 I_C 也相应增加，所以 I_{CEO} 大的三极管其热稳定性很差。

（2）极限参数

1）集电极最大允许电流 I_{CM}。一般规定，三极管的 β 值下降到其额定值的 $\frac{1}{2}$~$\frac{2}{3}$ 时的集电极电流称为集电极最大允许电流。使用时必须使 $I_C<I_{CM}$，否则可能会烧毁三极管。

2）集电极－发射极反向击穿电压 $U_{(BR)CEO}$。当基极开路时，加在集电极和发射极之间最大的允许工作电压称为集电极－发射极反向击穿电压。在使用三极管时，集电极电压应低于这个电压值，否则，可能会造成集电结反向击穿。

3）集电极最大允许耗散功率 P_{CM}。它表示集电结上允许损耗功率的最大值，超过此值会使三极管性能变坏或烧毁。

P_{CM} 与 I_C 和 U_{CE} 的关系：

$$P_{CM} \geqslant I_C U_{CE}$$

三极管工作时，若 $I_C<I_{CM}$、$U_{CE}<U_{(BR)CEO}$，但 $I_C U_{CE}>P_{CM}$，三极管仍会损坏。

4．三极管的识别与测试

（1）三极管的管型和电极识别

1）根据三极管的外形粗略判别出它们的管型。目前市场上的小功率金属壳三极管，NPN 管比 PNP 管体积小得多，且有一突出的标志，如图 1–1–46 所示；对于塑封小功率三极管，大多数也为 NPN 管，其外形如图 1–1–47 所示。

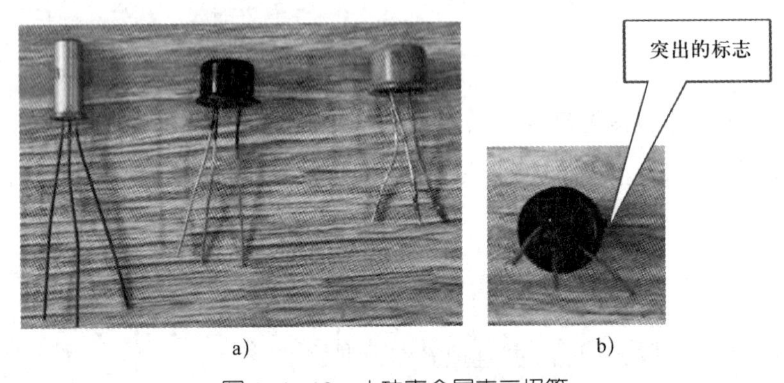

a)　　b)

图 1–1–46　小功率金属壳三极管

a）外形　b）NPN 管突出的标志

2）将万用表拨至 $R\times100$（或 $R\times1$ k）挡，先确定基极。用黑表笔接触三极管其中一根引脚，红表笔分别接触另外的两根引脚，测得一组（两个）电阻阻值；用黑表笔依次换接三极管的另外两根引脚，重复上述操作，测得另外两组电阻阻值。将所测的三组电阻阻值进行比较，当某一组的两个电阻阻值基本相同时，这次测量中黑表笔所接的引脚即为三极管的基极。若该组的两个电阻阻值为三组中最小的，说明被测管为 NPN 型；若该组的两个电阻阻值为三组中最大的，说明被测管为 PNP 型，如图 1–1–48 所示。

（2）高、低频管的判别

1）用万用表 $R\times1$ k 挡测量发射结反向电阻。当三极管的型号标志不清时，可以利用低频管（合金型结构，f<3 MHz）的 $U_{(BR)EBO}$ 比较大、高频管（扩散型或

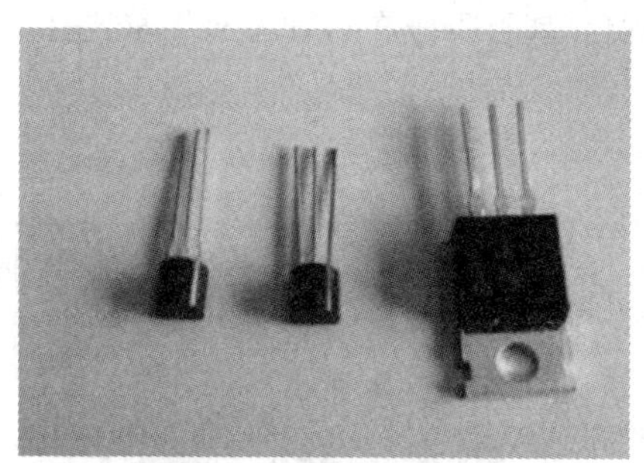

图 1–1–47 塑封小功率三极管外形

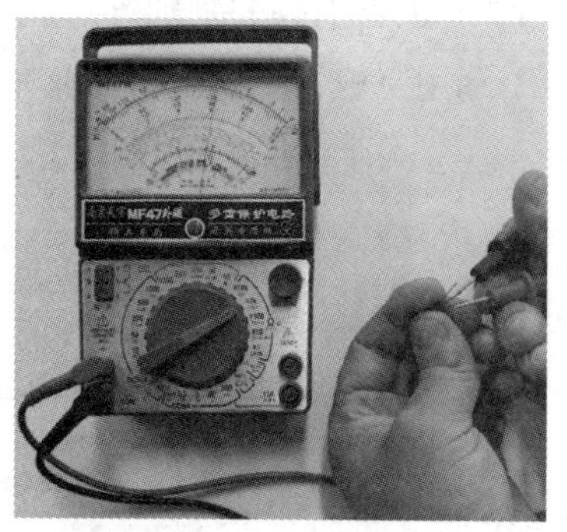

图 1–1–48 三极管的管型和电极识别

合金扩散型结构，$f \geq 3$ MHz）的 $U_{(BR)EBO}$ 比较小的特点，用万用表测量其发射结反向电阻，以进行区分，如图 1–1–49 所示。对于 NPN 型三极管，用黑表笔接发射极，用红表笔接基极；对于 PNP 型三极管，则红黑表笔对调，此时阻值一般在几百千欧以上。

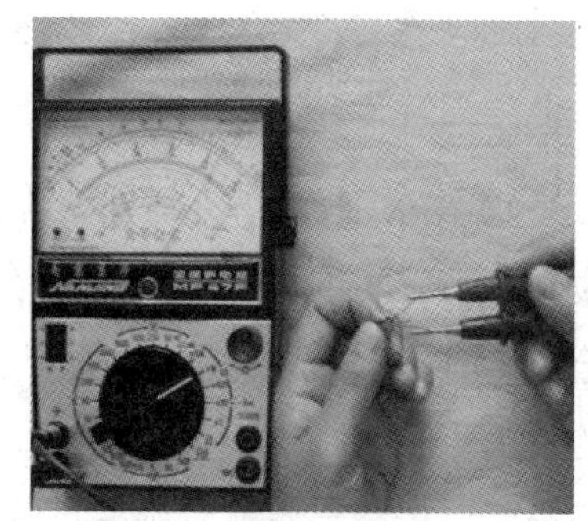

图 1–1–49 用万用表 $R \times 1$ k 挡测量发射结反向电阻

2）将万用表拨至 $R \times 10$ k 挡，重新测量其反向电阻，如图 1–1–50 所示。若阻值变化不大（表内层叠电池电压未将管子发射结击穿），可判定该管为低频管；若阻值变化较大（发射结被击穿，阻值显著减小），可判定该管为高频管。

（3）硅、锗管的判别

用万用表 $R \times 1$ k 挡测量三极管发射结的正向电阻。对于 NPN 管，用黑表笔接基极，用红表笔接发射极；对于 PNP 管，则红黑表笔对调。若测得阻值为 3 ~ 10 kΩ，说明该管是硅管；若测得阻值为 500 ~ 1 000 Ω，说明该管是锗管，如图 1–1–51 所示。目前市场上锗管大多为 PNP 型，硅管大多为 NPN 型。

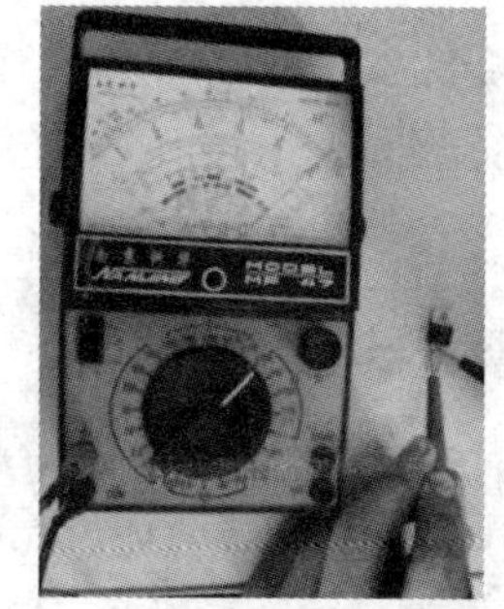

图 1–1–50 用万用表 $R \times 10$ k 挡测量发射结反向电阻

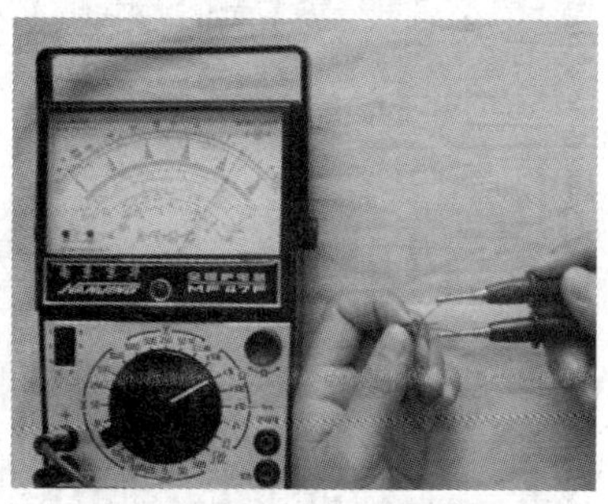

图 1–1–51 硅、锗管的判别

（4）三极管引脚的判别

1）利用三极管三根引脚的分布规律进行判别，其引脚分布规律及外形如图 1–1–52 所示。

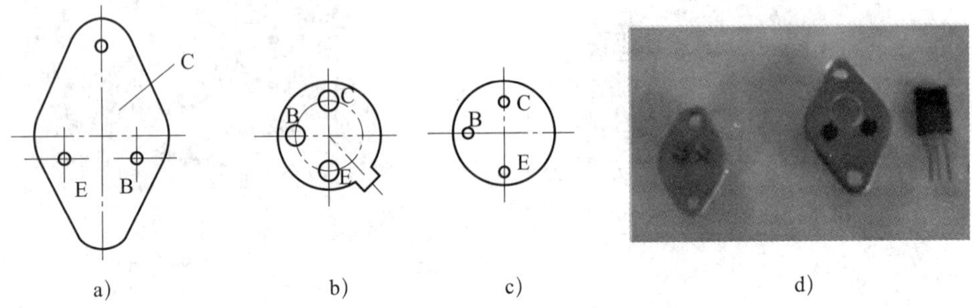

图 1–1–52　三极管三根引脚的分布规律及外形

a）外壳为集电极　b）靠近标记处为发射极　c）E、B、C 组成等腰三角形　d）三极管外形

2）NPN 管的极性判别。在进行极性判别前，应用万用表的 $R\times1$ k 挡先确定基极和管型，再确定集电极和发射极。在判断出管型和基极的基础上，仍将万用表拨至 $R\times1$ k 挡，用黑、红表笔分别接除基极引脚之外的两根引脚，用手捏住黑表笔接的引脚（手相当于一个电阻器），注意不要使两表笔相碰，观察万用表指针向右摆动的幅度；将红黑表笔对调，重复上述步骤。比较两次检测中指针向右摆动的幅度，以摆动幅度大的那次为准，黑表笔接的是集电极，红表笔接的是发射极，如图 1–1–53 所示。

3）PNP 管的极性判别。将万用表拨至 $R\times100$ 或 $R\times1$ k 挡，操作方法与判别 NPN 管极性的操作方法相同。比较两次检测中指针向右摆动的幅度，以摆动幅度大的那次为准，黑表笔接的是发射极，红表笔接的是集电极，如图 1–1–54 所示。

此外，也可将三极管插入万用表专用孔内判别其引脚极性，如图 1–1–55 所示。

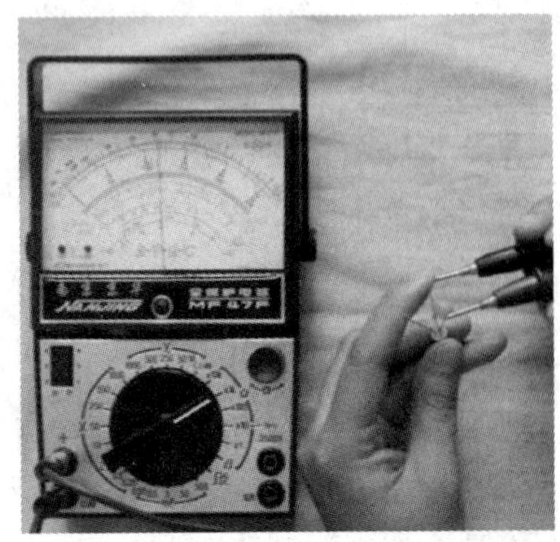

图 1–1–53　NPN 管的极性判别

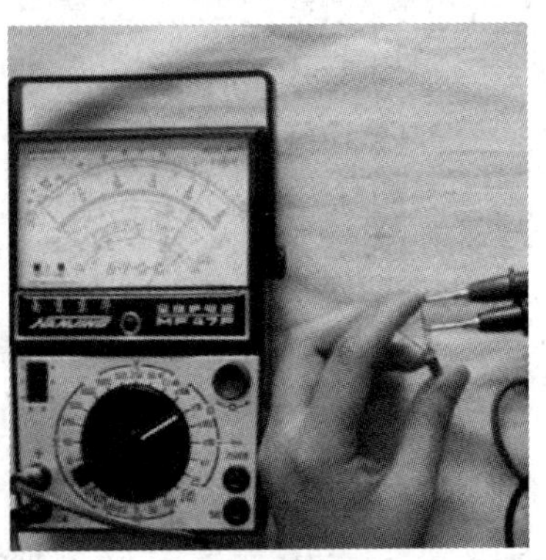

图 1–1–54　PNP 管的极性判别

（5）三极管的性能检测

1）估测三极管的穿透电流 I_{CEO}（图 1-1-56）。用万用表 $R\times100$ 或 $R\times1$ k 挡测量集电极－发射极反向电阻，测得的反向电阻阻值越大，说明 I_{CEO} 越小，晶体管的稳定性越好。一般硅管比锗管的反向电阻阻值大，高频管比低频管的反向电阻阻值大，小功率管比大功率管的反向电阻阻值大。

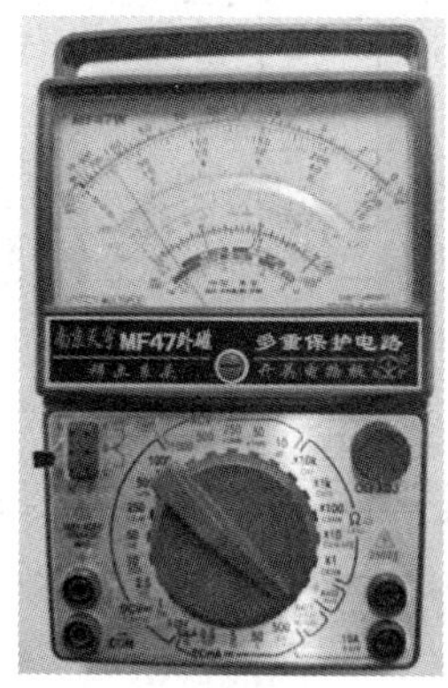

图 1-1-55　将三极管插入万用表专用孔内判别其引脚极性

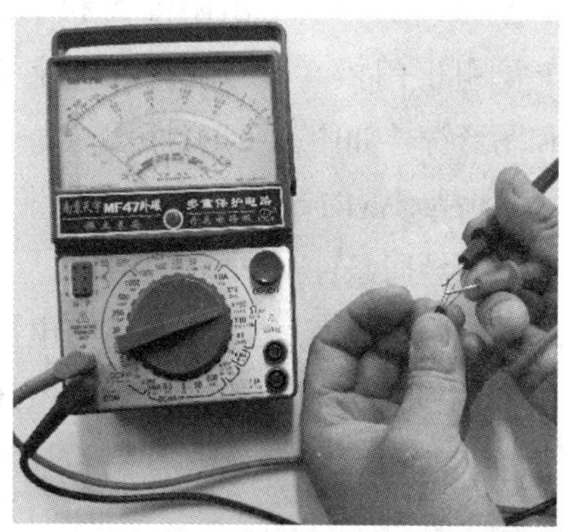

图 1-1-56　估测三极管的穿透电流

2）测量三极管的 β 值。若万用表有测 β 值的功能，可以直接进行测量读数；若没有测 β 值的功能，可以在基极和集电极之间接入一只 100 kΩ 的电阻，如图 1-1-57 所示。此时，集电极与发射极之间的反向电阻阻值较在基极和集电极之间不接电阻时（图 1-1-58）的阻值小，即万用表指针偏摆幅度较大（指针偏摆幅度越大，则 β 值越大）。

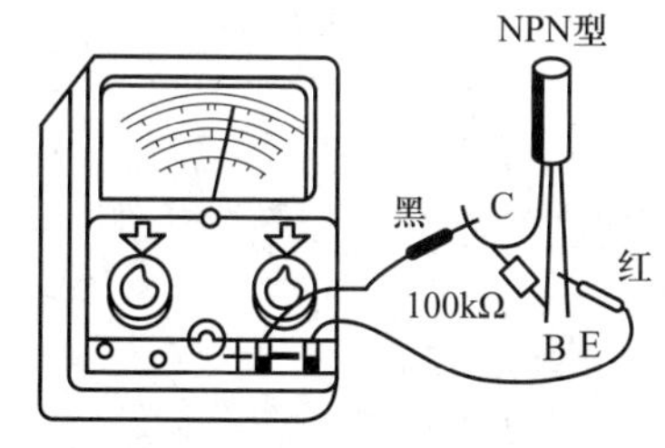

图 1-1-57　在基极和集电极之间接电阻

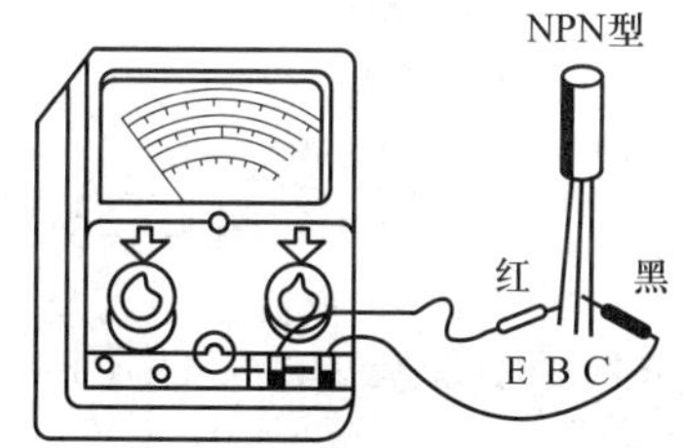

图 1-1-58　在基极和集电极之间不接电阻

3）三极管稳定性判别。在判断 I_{CEO} 时，用手捏住三极管，三极管受人体温度影响，集电极－发射极反向电阻阻值将有所减小，若指针偏摆幅度较大（反向电阻阻值迅速减小），说明三极管的稳定性较差，如图 1-1-59 所示。

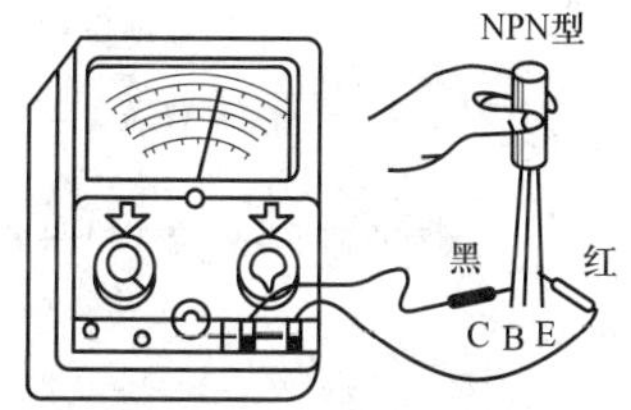

图 1-1-59　三极管稳定性判别

三、晶闸管的识别与测试

1．晶闸管的结构

晶闸管的内部有一个硅半导体材料做成的管芯，管芯由四层（PNPN）三端（A、K、G）半导体构成，它有三个 PN 结，由最外层的 P 层和 N 层分别引出阳极 A 和阴极 K，由中间的 P 层引出门极 G。晶闸管的文字符号为 V，结构和图形符号如图 1–1–60 所示。

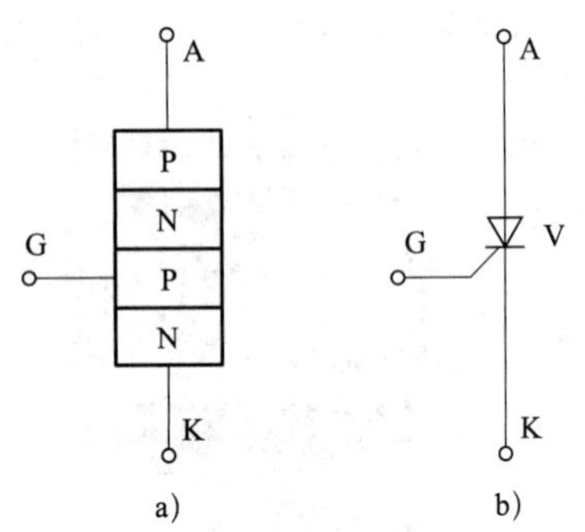

图 1–1–60　晶闸管的结构和图形符号
a）结构　b）图形符号

2．晶闸管的导通条件及特点

（1）导通条件

在阳极和阴极之间施加正向电压的同时，在门极和阴极之间施加适当的触发电压，晶闸管即可导通。

（2）特点

晶闸管不仅具有反向阻断能力，还具有正向阻断能力，其正向导通受门极的控制。晶闸管导通以后，门极即失去控制作用，要重新关断晶闸管，必须让阳极电流减小到低于其维持电流或在阳极至阴极间加上反向电压。

3．晶闸管的型号

国产普通型晶闸管的型号有 3CT 系列和 KP 系列。

3CT 系列晶闸管型号含义如图 1–1–61 所示。

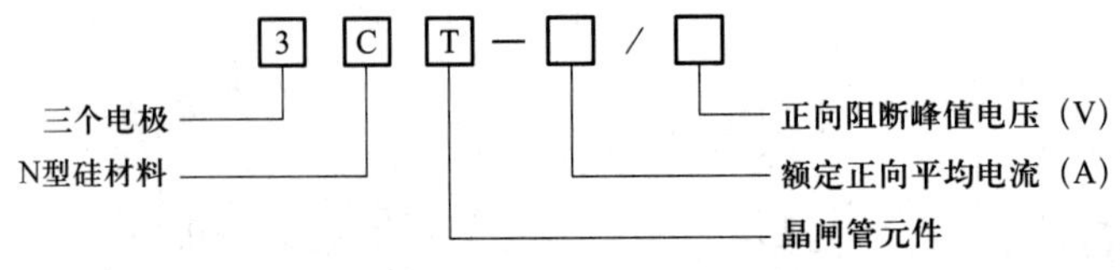

图 1–1–61　3CT 系列晶闸管型号含义

KP 系列晶闸管型号含义如图 1–1–62 所示。

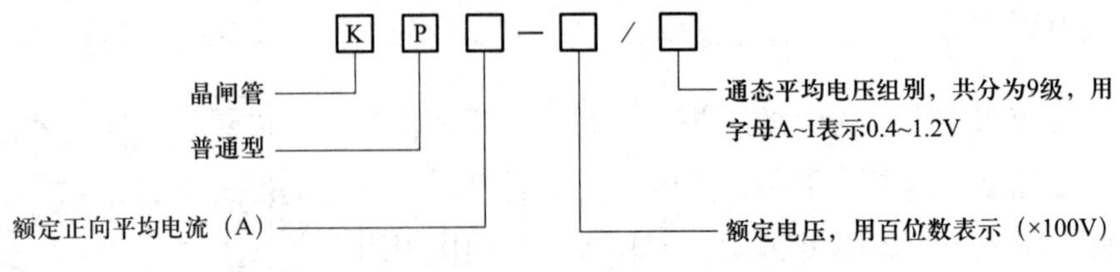

图 1–1–62　KP 系列晶闸管型号含义

例如，3CT–5/500 表示额定正向平均电流为 5 A、正向阻断峰值电压为 500 V 的普通型晶闸管；KP100–12G 表示额定正向平均电流为 100 A、额定电压为 1 200 V、通态平均电压组别为 G 的普通型晶闸管。

4．晶闸管的主要技术参数

（1）正向断态重复峰值电压 U_{DRM}：在额定结温下，门极断路和晶闸管正向阻断时，允许重复加在晶闸管上的正向峰值电压。

（2）反向断态重复峰值电压 U_{RRM}：在额定结温和门极断路的情况下，允许重复加在晶闸管上的反向峰值电压。它反映了阻断状态下晶闸管能承受的最大反向电压。通常 U_{RRM} 和 U_{DRM} 大致相等，习惯上将两者统称为峰值电压。

（3）通态平均电流 $I_{T(AV)}$：在环境温度超过 40 ℃和规定的散热条件下，允许通过的工频正弦半波电流在一个周期内的最大平均值。当晶闸管的导通角变小时，允许的通态平均电流必须适当降低。

（4）通态平均电压 $U_{T(AV)}$：晶闸管正向通过正弦半波额定的平均电流，结温稳定时阳极和阴极之间电压的平均值，习惯上称为管压降。通态平均电压共分为九级，用字母 A~I 表示。

（5）维持电流 I_H：在规定的环境温度和门极断路的情况下，维持晶闸管继续导通需要的最小阳极电流。维持电流是晶闸管由通到断的临界电流，要使导通的晶闸管关断，必须使晶闸管的正向电流小于 I_H。

5．晶闸管的检测

（1）将万用表转换开关拨至 $R\times100$ 挡，测量阳极与阴极之间、阳极与门极之间的正、反向电阻阻值，正常时阻值均很大（几百千欧以上），如图 1–1–63 所示。

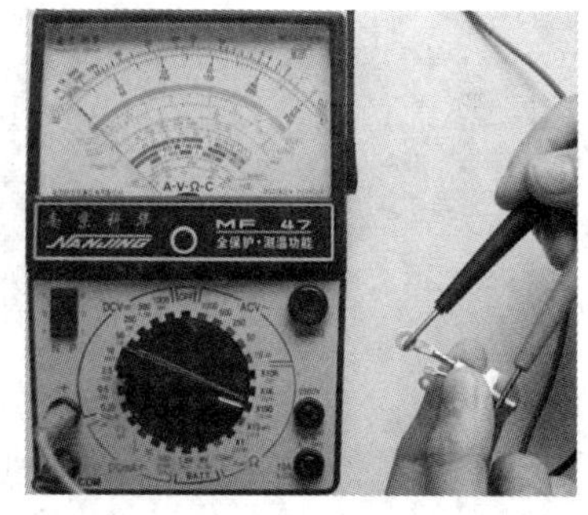

图 1–1–63 晶闸管的检测 1

（2）将万用表转换开关拨至 $R\times10$ 或 $R\times100$ 挡，测量门极与阴极之间的正向电阻阻值，一般应为几欧至几百欧，反向电阻阻值比正向电阻阻值要大一些。若反向电阻阻值不大，并不能说明门极与阴极间短路；反向电阻阻值大于几千欧时，说明门极与阴极间断路，如图 1–1–64 所示。

（3）将万用表转换开关拨至 $R\times10$ 或 $R\times100$ 挡，黑表笔接阳极，红表笔接阴极，在保持黑表笔和阳极相接的情况下，将其同时与门极接触，这样就给门极加上了触发电压。可以看到万用表上的阻值明显变小，说明晶闸管因触发而导通。在保持黑表笔和阳极相接的情况下，断开其与门极的接触，若晶闸管仍导通，说明晶闸管性能良好；若不导通，说明晶闸管损坏，如图 1–1–65 所示。

根据以上测量方法可以判别出晶闸管的阳极、阴极与门极，即一旦测出两引脚间呈低阻状态，此时黑表笔所接为门极，红表笔所接为阴极，另一端为阳极。

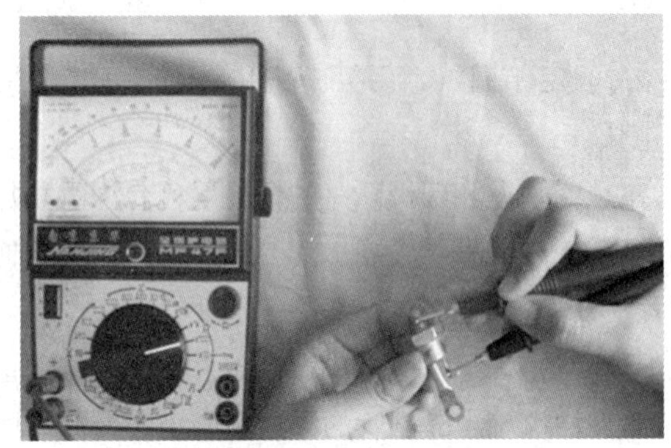

图 1-1-64　晶闸管的检测 2

图 1-1-65　晶闸管的检测 3

四、单结晶体管的识别与测试

单结晶体管又称为双基极二极管，它有一个 PN 结、一个发射极和两个基极。单结晶体管的外形及图形符号如图 1-1-66 所示。

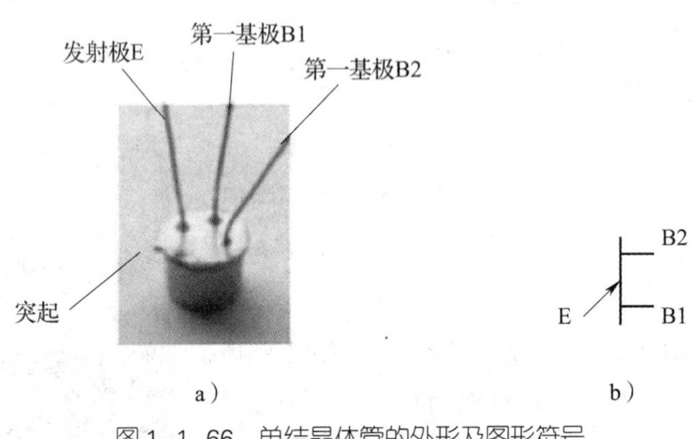

图 1-1-66　单结晶体管的外形及图形符号

a）外形　b）图形符号

1. 单结晶体管的特点

（1）当发射极电压 U_E 等于峰点电压 U_P 时，单结晶体管导通；当发射极电压 U_E 减小到小于谷点电压 U_V 时，单结晶体管由导通变为截止。一般单结晶体管的谷点电压为 2~5 V。

（2）单结晶体管的发射极与第一基极的电阻 R_{B1} 的阻值随发射极电流增大而减小，发射极与第二基极的电阻 R_{B2} 的阻值与发射极电流变化无关。

（3）不同的单结晶体管有不同的 U_P 和 U_V。同一只单结晶体管，若电源电压不同，它的 U_P 和 U_V 也有所不同。在触发电路中常选用 U_V 低一些或 I_V（谷点电流）大一些的单结晶体管。

2. 单结晶体管触发电路的工作原理

单结晶体管触发电路如图 1-1-67 所示。

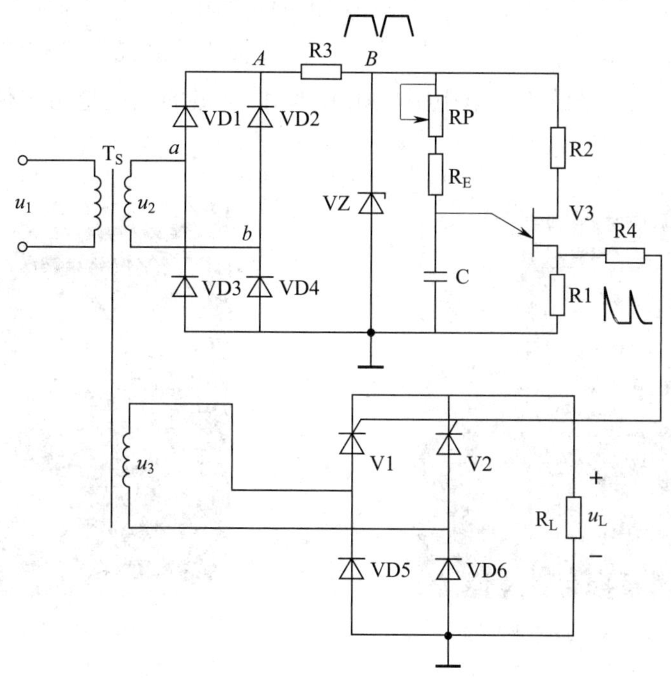

图 1-1-67 单结晶体管触发电路

该电路利用同步变压器 T_S 实现触发脉冲与主电路同步。变压器二次侧输出电压经桥式整流，再经稳压管 VZ 削波后，得到梯形波电压 U_Z，此电压作为单结晶体管的电源电压。由于每半个周期内第一个脉冲将晶闸管触发导通后，后面的脉冲均无作用，因此，只要改变每半个周期内第一个脉冲输出的时间，即可改变控制角 α 的大小。若电容 C 充电较快，U_C 很快达到 U_P，第一个脉冲输出的时间就会提前；反之，第一个脉冲输出的时间就会后移。在实际应用中可以利用改变充电电阻 RP 阻值的方法来改变控制角 α 的大小，从而达到触发脉冲移相的目的。

单结晶体管触发电路具有结构简单、调试方便、脉冲前沿陡、抗干扰能力强等优点，但其输出功率和移相范围较小，脉冲较窄，多用于中小容量晶闸管的单相可控整流电路中。

3. 单结晶体管的检测

（1）确定发射极

将万用表拨至 $R\times100$ 挡，用红、黑表笔分别接单结晶体管任意两根引脚，测量其阻值；对调红、黑表笔，测量其阻值，如图 1-1-68 所示。两次测量中阻值较小的那次黑表笔所接的引脚为 E 极，红表笔所接的引脚为 B 极，剩下的一根引脚也是 B 极。若两次测得的阻值一样，为 2~10 kΩ，那么这两根引脚都为 B 极，另一根引脚为

E 极。

（2）确定 B1 极和 B2 极

用万用表 $R\times100$ 挡分别测量 E 极对 B1 极的正向电阻、E 极对 B2 极的正向电阻，阻值稍大一些的是 B1 极，阻值稍小一些的是 B2 极（单结晶体管在结构上 E 极靠近 B2 极，故 E 极对 B1 极的正向电阻阻值比 E 极对 B2 极的正向电阻阻值大一些），如图 1-1-69 所示。

图 1-1-68　确定发射极

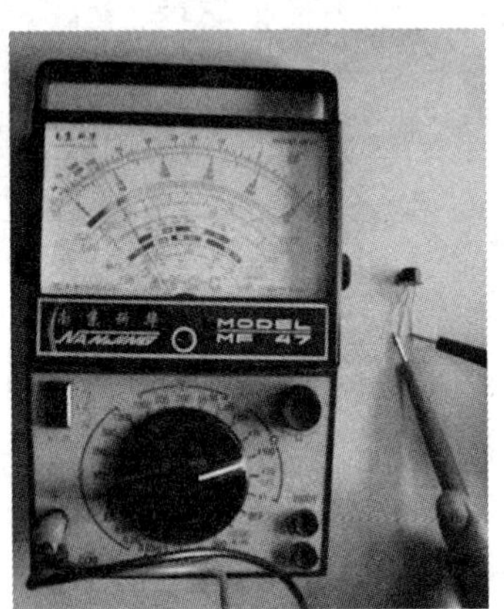

图 1-1-69　确定 B1 极和 B2 极

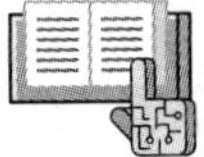

技能训练 1

1．训练内容

常用二极管和三极管的识别与测试。

2．仪器、仪表及材料（表 1-1-12）

表 1-1-12　仪器、仪表及材料

材料				仪器、仪表
名称	型号	名称	型号	
普通二极管	2AP、2CP	高频小功率三极管	3DG6~3DG12 3AG、3CG	模拟式万用表、数字式万用表
整流二极管	2CZ	低频小功率三极管	3AX、3BX、3DX	
稳压二极管	2CW	低频大功率三极管	3DD	
开关二极管	2DK、2CK	高频大功率三极管	3DA	

3. 评分标准（表 1-1-13）

表 1-1-13　评分标准

<table>
<tr><th>序号</th><th>项目内容</th><th colspan="2">评分标准</th><th>配分</th><th>扣分</th><th>得分</th></tr>
<tr><td>1</td><td>二极管、三极管的识别</td><td colspan="2">（1）名称每漏写或错写，每件扣 3 分
（2）材料、类型及用途漏写或错写，每件扣 3 分
（3）参数漏写或错写，每件扣 2 分
（4）不会画电路符号，每件扣 2 分
（5）不会直观识别引脚极性，每件扣 2 分</td><td>50 分</td><td></td><td></td></tr>
<tr><td>2</td><td>二极管、三极管的检测</td><td colspan="2">（1）万用表使用不正确，每处扣 3 分
（2）不会用万用表判别引脚极性，每件扣 5 分
（3）不会用万用表判别管型及质量好坏，每件扣 10 分</td><td>40 分</td><td></td><td></td></tr>
<tr><td>3</td><td>安全文明生产</td><td colspan="2">违反安全文明生产扣 5~10 分</td><td>10 分</td><td></td><td></td></tr>
<tr><td colspan="2" rowspan="2">时间：90 min</td><td>备　注</td><td>合　计</td><td>100 分</td><td></td><td></td></tr>
<tr><td></td><td>教师签字</td><td colspan="3"></td></tr>
</table>

4. 训练步骤

（1）二极管的直观识别

1）识别二极管外壳上符号的含义。

2）根据二极管的型号规格，识别其引脚极性、材料、类型及用途。

（2）二极管的检测

1）用万用表检测二极管的引脚极性和管型。

2）用万用表检测二极管的正、反向电阻，并判别其质量好坏。

（3）三极管的直观识别

1）识别三极管外壳上符号的含义。

2）根据引脚分布规律，识别三极管的引脚极性。

3）根据三极管的型号规格，识别其材料、类型及用途。

（4）三极管的检测

1）三极管类型（NPN、PNP）的检测。

2）高、低频管的检测。

3）锗、硅管的检测。

4）引脚极性的检测。

5）估测电流放大系数。

6）估测穿透电流。

7）三极管稳定性的检测。

通过以上检测，判断其质量好坏。

（5）结果记录

1）将二极管直观识别的结果填入表 1–1–14 中。

表 1–1–14　二极管直观识别的结果

序号	名称	型号规格	引脚极性	材料	主要用途	图形符号

2）将二极管检测的结果填入表 1–1–15 中。

表 1–1–15　二极管检测的结果

型号	万用表挡位	测量项目		引脚极性	管型	质量判别
		正向电阻	反向电阻			

3）将三极管直观识别的结果填入表 1–1–16 中。

表 1–1–16　三极管直观识别的结果

序号	名称	型号规格	引脚极性	材料	主要用途	图形符号

4）将三极管检测的结果填入表 1–1–17 中。

表 1–1–17　三极管检测的结果

序号	万用表挡位	R_{BE}		R_{BC}		R_{CE}		类型及材料	I_{CEO}	h_{FE}	高、低频管	质量判别
		正向	反向	正向	反向	正向	反向					

续表

序号	万用表挡位	R_{BE}		R_{BC}		R_{CE}		类型及材料	I_{CEO}	h_{FE}	高、低频管	质量判别
		正向	反向	正向	反向	正向	反向					

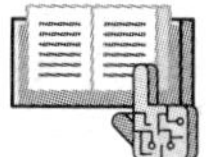

技能训练 2

1. 训练内容

晶闸管和单结晶体管的识别与测试。

2. 仪器、仪表及材料（表 1-1-18）

根据实际条件自定晶闸管和单结晶体管的型号。

表 1-1-18 仪器、仪表及材料

材料				仪器、仪表
名称	型号	名称	型号	
				模拟式万用表、数字式万用表

3. 评分标准（表 1-1-19）

表 1-1-19 评分标准

序号	项目内容	评分标准		配分	扣分	得分
1	晶闸管、单结晶体管的识别	（1）名称漏写或错写，每件扣 3 分 （2）极性、材料、类型及用途漏写或错写，每件扣 3 分 （3）参数漏写或错写，每件扣 2 分 （4）不会画电路符号，每件扣 2 分 （5）不会直观识别引脚极性，每件扣 2 分		50 分		
2	晶闸管、单结晶体管的检测	（1）万用表使用不正确，每处扣 3 分 （2）不会用万用表判别引脚极性，每件扣 5 分 （3）不会用万用表判别管型及质量好坏，每件扣 10 分		40 分		
3	安全文明生产	违反安全文明生产扣 5~10 分		10 分		
时间：60 min		备 注	合 计	100 分		
			教师签字			

4. 训练步骤

（1）晶闸管的直观识别

1）识别晶闸管外壳上符号的含义。

2）根据晶闸管的型号规格，识别其引脚极性、材料、类型及用途。

（2）晶闸管的检测

1）用万用表检测晶闸管的引脚极性。

2）用万用表检测晶闸管各引脚之间的正、反向电阻，并判别其质量好坏。

（3）单结晶体管的直观识别

1）识别单结晶体管外壳上符号的含义。

2）根据引脚分布规律，识别单结晶体管的引脚极性。

（4）单结晶体管的检测

1）检测单结晶体管各引脚之间的正、反向电阻，并判别其质量好坏。

2）判断各引脚的名称。

（5）结果记录

自制表格进行结果记录。

任务 3　集成半导体器件的识别与测试

学习目标

1. 熟悉集成电路的分类、型号命名方法和封装形式。
2. 能识别集成电路的引脚顺序。
3. 掌握集成电路的检测方法。
4. 熟悉三端集成稳压器的型号含义、引脚排列及测试方法。
5. 熟悉整流桥堆的等效电路、引脚排列及测试方法。
6. 能熟练使用电子仪器、仪表检测集成电路。

集成电路是利用半导体工艺和膜工艺将晶体管、电阻器、电容器以及连接导线制作在很小的半导体或绝缘基体上，形成一个完整的电路，并封装在特制的外壳之中，它也可以称为固体组件，常用英文字母“IC”表示。

一、集成电路的分类和型号命名方法

1. 集成电路的分类

按照制造工艺和结构，集成电路分为半导体集成电路、膜集成电路和混合集成电路。通常所说的集成电路是指半导体集成电路，它是应用最广泛、种类最多的集成电路。膜集成电路和混合集成电路一般用于专用集成电路，通常称为模块。

按照集成度，集成电路分为小规模集成电路、中规模集成电路、大规模集成电路和超大规模集成电路。

按照半导体工艺，集成电路分为双极型集成电路、MOS 集成电路（又可分为 NMOS、PMOS 和 CMOS）和双极型 -MOS 集成电路（BIMOS）。双极型集成电路的频率特性好，但功耗较大，而且制作工艺复杂；MOS 集成电路工作速度低，输入阻抗较大，但功耗小，制作工艺简单，易于大规模集成；双极型 -MOS 集成电路综合了前两种集成电路的优点，弥补了它们的缺点。

图 1-1-70 所示为集成电路实物。

图 1-1-70 集成电路实物

2. 集成电路的型号命名方法

国产半导体集成电路的型号命名方法见表 1-1-20。

表 1-1-20 国产半导体集成电路的型号命名方法

第 0 部分		第一部分		第二部分	第三部分		第四部分	
用字母表示器件符合国家标准		用字母表示器件的类型		用阿拉伯数字表示器件的系列和品种代号	用字母表示器件的工作温度范围		用字母表示器件的封装	
符号	意义	符号	意义	（与国际接轨）	符号	意义	符号	意义
C	符合国家标准	T	TTL 电路		C	0~70 ℃	C	陶瓷片状载体
		H	HTL 电路		E	-40~85 ℃	B	塑料扁平
		E	ECL 电路		R	-55~85 ℃	F	多层陶瓷扁平
		C	CMOS 电路		M	-55~125 ℃	D	多层陶瓷双列直插
		F	线性放大器				P	塑料双列直插
		D	音响、电视电路				J	黑瓷双列直插
		W	稳压器				K	金属菱形
		J	接口电路				T	金属圆形
		B	非线性电路				H	黑瓷扁平
		M	存储器				G	网格阵列
		μ	微型机电路					
		AD	A/D 转换器					
		DA	D/A 转换器					
		SS	敏感电路					
		SW	钟表电路					

二、集成电路的封装形式和引脚顺序识别

集成电路的封装材料有许多种，最常用的封装材料有塑料、陶瓷及金属 3 种。集成电路的封装形式可分为圆形金属外壳封装（晶体管式封装）、陶瓷扁平封装、双列直插式封装和单列直插式封装等，如图 1–1–71 所示。

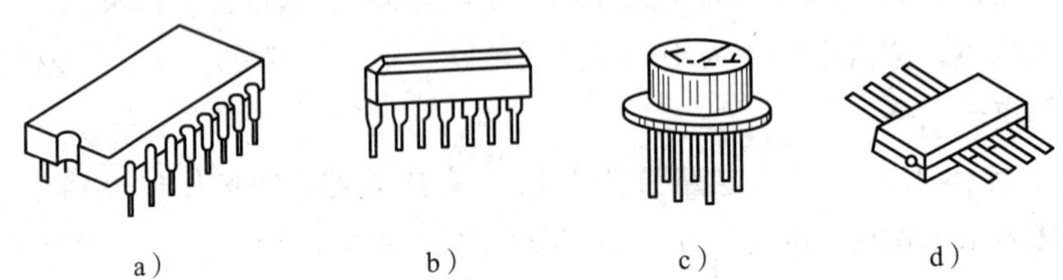

图 1–1–71　常见的封装形式

a）双列直插式封装　b）单列直插式封装　c）晶体管式封装

d）陶瓷扁平封装

集成电路的引脚分别有 3、5、7、8、10、12、14、16 根等多种。正确识别引脚的排列顺序非常重要，否则集成电路不能正常工作，甚至造成其损坏。

集成电路的封装形式不同，其引脚排列顺序也不一样。

1. 圆筒形和菱形金属外壳封装 IC 的引脚识别

识别方法：面向引脚（正视），由定位标记所对应的引脚开始，按顺时针方向依次计数即可。常见的定位标记有凸出、圆孔等，如图 1–1–72 所示。

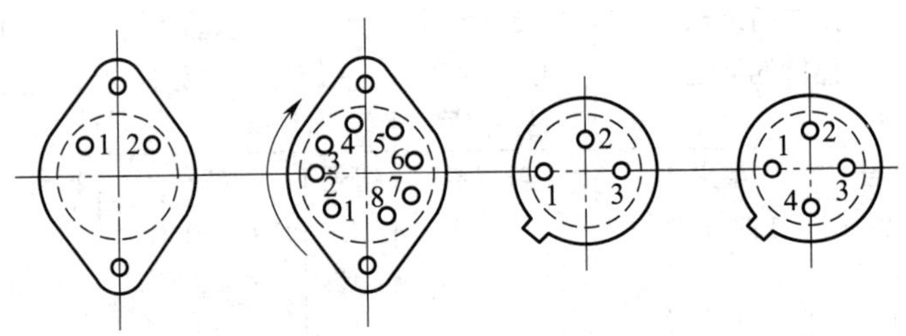

图 1–1–72　圆筒形和菱形金属外壳封装 IC 的引脚识别

2. 单列直插式封装 IC 的引脚识别

识别方法：使其引脚向下，面对定位标记，自定位标记一侧的第一根引脚数起，依次为 1、2、3……脚。此类集成电路上常用的定位标记为色点、凹口、色带、缺角等。有些厂家生产的集成电路本是同一种芯片，但为了便于在印制电路板上灵活安装，其封装外形有多种：一种按常规排列，即自左向右排列（图 1–1–73）；另一种则自右向左排列（图 1–1–74）。有少数集成电路上没有引脚识别标记，这时应从它的型号上加以区别。若其型号后缀有一字母 R，则说明其引脚排列顺序为自右向左。例如，

M5115P与M5115PR，前者的引脚排列顺序为自左向右（正向排列），后者的引脚排列顺序为自右向左（反向排列）。

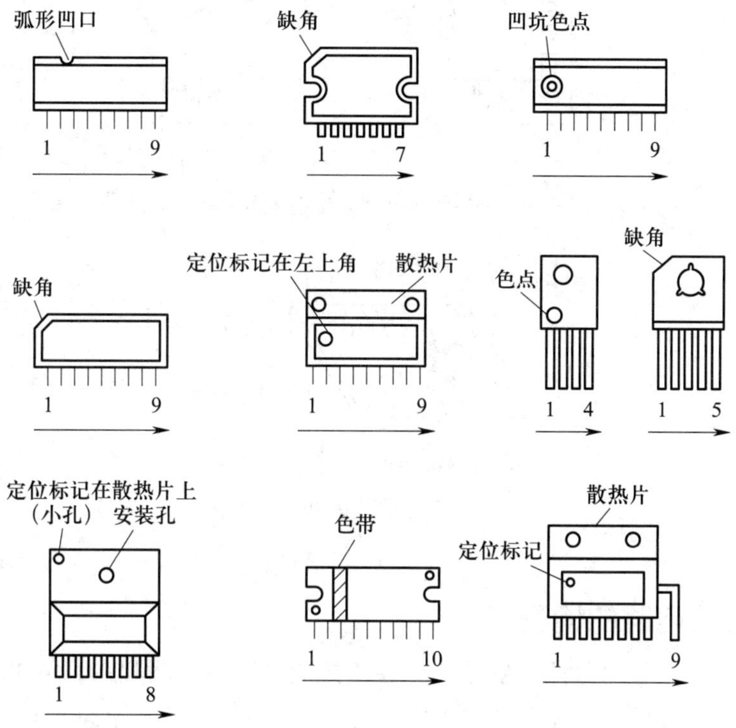

图1-1-73 自左向右排列

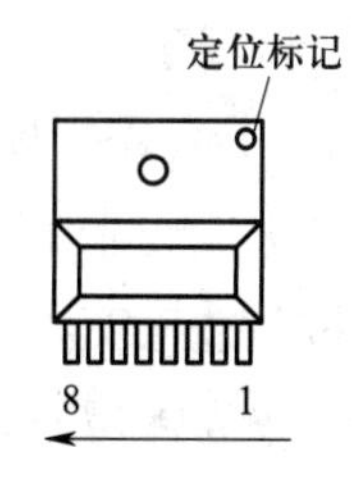

图1-1-74 自右向左排列

3. 双列直插式和扁平式封装IC的引脚识别

双列直插式封装IC的引脚识别方法：将其水平放置，引脚向下，即其型号、商标向上，定位标记在左边，从左下脚第一根引脚数起，按逆时针方向，依次为1、2、3……脚，如图1-1-75所示。

扁平式封装IC的引脚识别方向和双列直插式封装IC相同，例如，四列扁平封装的微处理器集成电路其引脚排列顺序如图1-1-76所示。对某些软封装类型的集成电路，其引脚直接与印制电路板相结合，如图1-1-77所示。

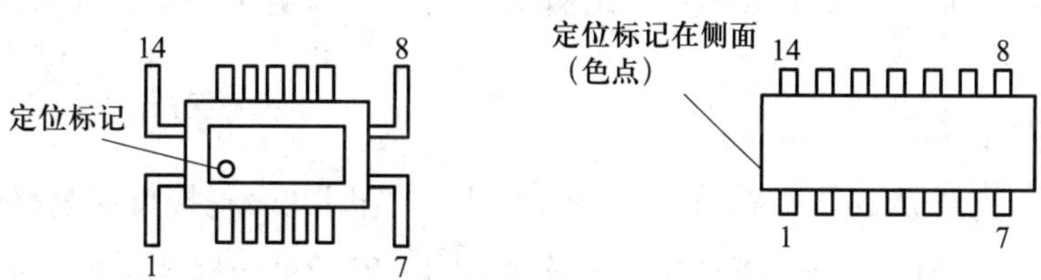

图1-1-75 双列直插式封装IC的引脚识别

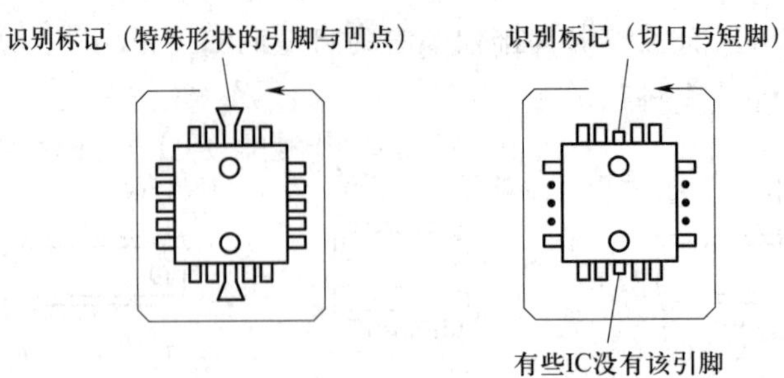

图 1–1–76　四列扁平封装的微处理器集成电路引脚排列顺序

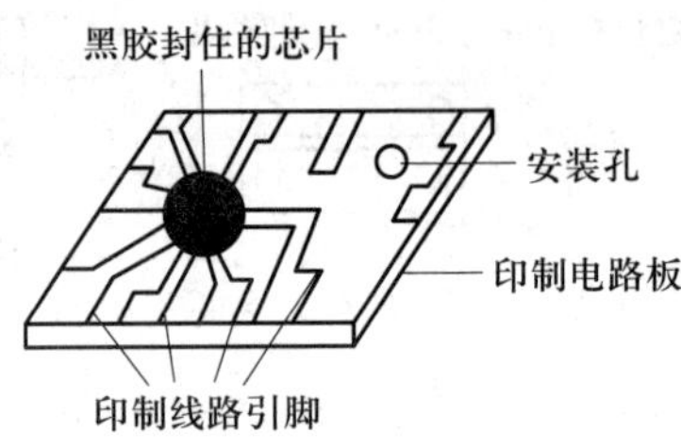

图 1–1–77　软封装 IC 引脚识别

三、集成电路的检测

对集成电路的质量检测一般分为非在路集成电路的检测和在路集成电路的检测。非在路集成电路是指与实际电路完全分离的集成电路，即集成电路本身。为了减少不必要的损失，集成电路在往印制电路板上焊接前应先进行测试，证明其性能良好，然后再进行焊接。

1．非在路集成电路的检测

（1）检测非在路集成电路好坏的准确方法

按制造厂商给定的测试电路和条件，逐项进行检测。在一般性电子制作或维修过程中，较为常用的方法是在印制电路板的对应位置焊上一个集成电路（断电情况下），通电后，若电路工作正常，说明该集成电路的性能良好；反之，说明该集成电路的性能不良或者已损坏。此方法的优点是准确、实用，但焊接的工作量大，且受客观条件的限制。

（2）检测非在路集成电路好坏的简易方法

用万用表电阻挡测量集成电路各引脚对地的正、负电阻阻值，即可判断非在路集成电路的好坏。

具体操作如下：

将万用表拨至 $R\times 1$ k、$R\times 100$ 或 $R\times 10$ 挡，先用红表笔接集成电路的接地引脚，然后用黑表笔从其第一根引脚开始，依次测出 1、2、3……脚相对应的阻值（称为正电阻阻值）；再用黑笔表接集成电路的同一接地引脚，用红表笔按上述方法与顺序，测出各引脚相对应的阻值（称为负电阻阻值）。将测得的两组正、负电阻阻值与标准值比较，从而判断集成电路的好坏，如图 1–1–78 所示。

2. 在路集成电路的检测

（1）根据引脚在路阻值的变化判断 IC 的好坏

用万用表电阻挡测量集成电路各引脚对地的正、负电阻阻值，然后与标准值比较，从而判断集成电路的好坏，如图 1–1–79 所示。还可以用同型号的集成电路进行替换试验，这是最便捷的方法，但拆焊较麻烦。

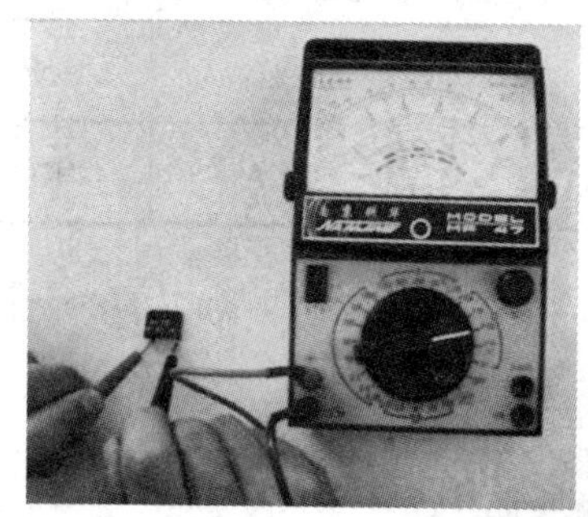

图 1–1–78 检测非在路集成电路

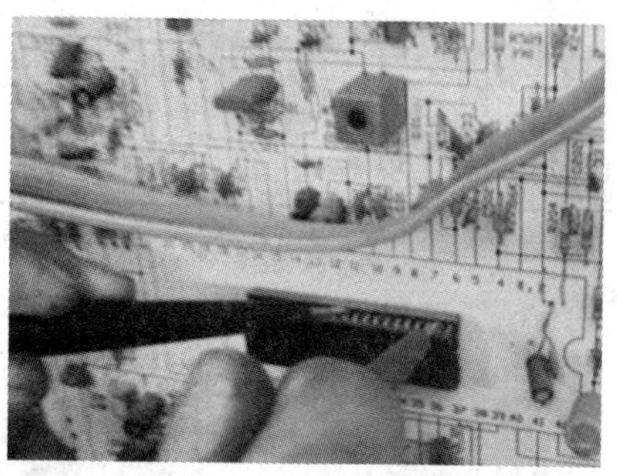

图 1–1–79 检测在路集成电路各引脚对地的正、负电阻阻值

（2）根据引脚电压的变化判断 IC 的好坏

用万用表的直流电压挡依次测量在路集成电路各引脚对地的电压，在集成电路供电电压符合规定的情况下，若某引脚对地电压不符合标准，再检查其外围元件，若外围元件无损坏或失效，则可认为是集成电路的问题。

（3）根据引脚波形的变化判断 IC 的好坏

用示波器观测引脚的波形，并与标准波形进行比较，从而判断集成电路的好坏。

四、三端集成稳压器

1. 三端集成稳压器的型号含义及引脚排列

三端集成稳压器有输入端、输出端和公共端三个引出端。常用的 CW 78×× 系列三端集成稳压器是正电压输出的，CW 79×× 系列三端集成稳压器是负电压输出的。三端集成稳压器的型号含义如图 1–1–80 所示。

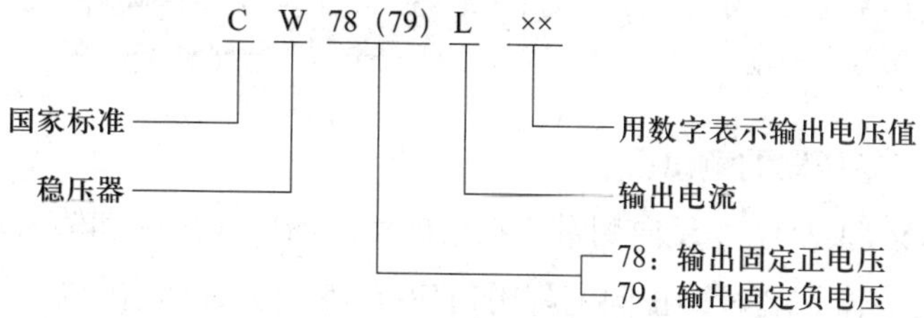

图 1–1–80 三端集成稳压器的型号含义

三端集成稳压器的输出电压有 5 V、6 V、9 V、12 V、15 V、18 V、20 V、24 V 等，输出电流有 0.1 A、0.5 A、1 A、2 A、5 A、10 A 等。三端集成稳压器输出电流的字母表示方法见表 1–1–21。常见的固定式三端集成稳压器外形如图 1–1–81 所示，引脚排列如图 1–1–82 所示。

CW 78×× 系列和 CW 79×× 系列三端集成稳压器的引脚功能有较大的差异，使用时必须注意。

表 1–1–21　三端集成稳压器输出电流的字母表示方法

字母	L	M	（无字母）	S	H	P
输出电流	0.1 A	0.5 A	1 A	2 A	5 A	10 A

图 1–1–81　常见的固定式三端集成稳压器外形

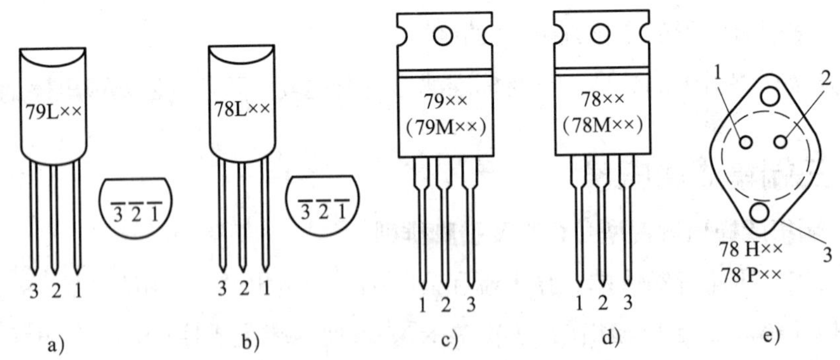

图 1–1–82　固定式三端集成稳压器引脚排列

a）1—地　2—输入　3—输出　b）1—输出　2—地　3—输入　c）1—地　2—输入　3—输出
d）1—输入　2—地　3—输出　e）1—输入　2—输出　3—地

2. 三端集成稳压器的测试方法

用万用表 $R\times1$ k 挡正、反向测量三端集成稳压器的输出端和输入端，当红表笔接输出端、黑表笔接输入端时，正向电阻阻值应在 15~19 kΩ 范围内，反向电阻阻值应在 6~8 kΩ 范围内。

用万用表 $R\times10$ k 挡正、反向测量三端集成稳压器的公共端和输入端，当红表笔接公共端、黑表笔接输入端时，正向电阻阻值应在 98~101 kΩ 范围内，反向电阻阻值应为 40 kΩ 左右。

五、整流桥堆

整流桥堆的等效电路及引脚如图 1-1-83 所示。

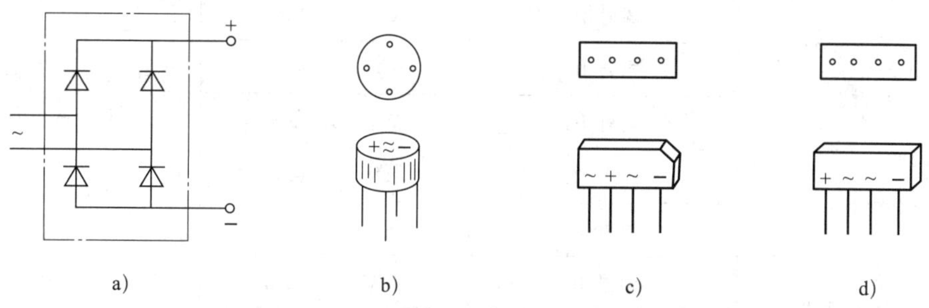

图 1-1-83　整流桥堆的等效电路及引脚

a）等效电路　b）~d）引脚

将万用表拨至 $R\times100$ 挡或 $R\times1$ k 挡，用黑表笔接某一根引脚，红表笔依次接另外三根引脚，若它与这三根引脚均呈低阻状态，而表笔对换后该引脚与其他引脚均呈高阻状态，则此引脚为直流“+”极。整流桥堆的测试如图 1-1-84 所示。在使用时，两交流电极可互换。

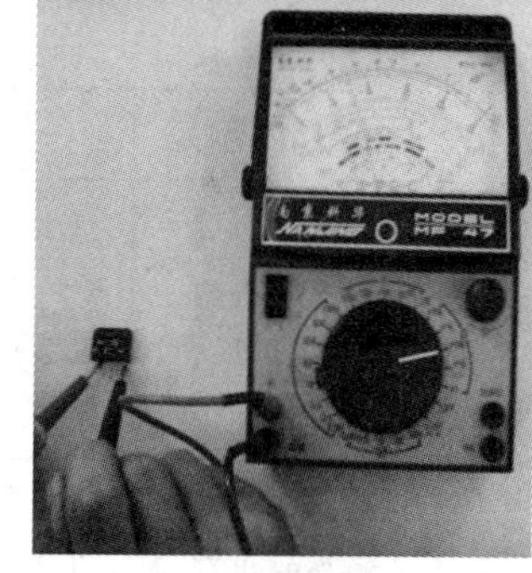

图 1-1-84　整流桥堆的测试

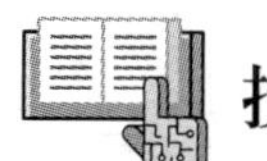

技能训练

1. 训练内容

集成电路的识别与测试。

2. 仪器、仪表及材料（表 1-1-22）

表 1-1-22　仪器、仪表及材料

材料			仪器、仪表
名称（封装形式）	类型	备注	
圆筒形金属壳封装 IC	国产 IC	非在路	万用表、示波器、直流稳压电源
	国外 IC	非在路	
菱形金属壳封装 IC	国产 IC	非在路	
	国外 IC	非在路	

续表

材料			仪器、仪表
名称（封装形式）	类型	备注	
单列直插式封装 IC	国产 IC	在路、非在路	万用表、示波器、直流稳压电源
	国外 IC	在路、非在路	
双列直插式封装 IC	国产 IC	在路、非在路	
	国外 IC	在路、非在路	
扁平式封装 IC	国产 IC	在路、非在路	
	国外 IC	在路、非在路	
软封装 IC	国产 IC	在路、非在路	
	国外 IC	在路、非在路	
四列扁平式封装 IC	国产 IC	在路、非在路	
	国外 IC	在路、非在路	

3. 评分标准（表 1-1-23）

表 1-1-23　评分标准

序号	项目内容	评分标准		配分	扣分	得分
1	集成电路的直观识别	（1）名称、生产厂商、封装形式漏写或错写，每件扣 3 分 （2）不会识别型号、主要技术参数及使用范围，每件扣 6 分		30 分		
2	集成电路引脚顺序的识别	（1）识别错误，每件扣 5 分 （2）不会识别，每件扣 5 分		30 分		
3	集成电路的检测	（1）万用表使用不正确，每处扣 3 分 （2）正、负电阻阻值检测步骤和结果不正确，每件扣 5 分 （3）对地电压值检测步骤和结果不正确，每件扣 5 分 （4）与标准值比较时不会分析或判断错误 IC 的好坏，每件扣 5 分 （5）用示波器观测 IC 各引脚的波形不正确，每件扣 3 分		30 分		
4	安全文明生产	违反安全文明生产扣 5~10 分		10 分		
时间：120 min		备　注	合　计	100 分		
			教师签字			

4. 训练步骤

（1）集成电路的直观识别

根据集成电路外壳上的型号标志，查阅相关的技术手册，识别出生产厂商、型号、主要技术参数、封装形式及其使用范围等内容。

（2）集成电路引脚顺序的识别

1）圆筒形、菱形金属壳封装 IC 引脚顺序的识别。

2）单列直插式（包括型号带后缀式）封装 IC 引脚顺序的识别。

3）双列直插式、扁平式（包括四列扁平式）封装 IC 引脚顺序的识别。

4）软封装 IC 引脚顺序的识别。

（3）集成电路的检测

1）非在路集成电路的检测。

2）在路集成电路的检测。

①检测各引脚正、负电阻阻值，从而判断 IC 的好坏。

②检测各引脚的对地电压值，从而判断 IC 的好坏。

a. 将被测在路集成电路的印制电路板（或整机）接入相应的直流电压（由直流稳压电源或整机电源提供）。

b. 用万用表直流电压挡检测在路集成电路各引脚对地电压值，并与正确值（或标准值）相比较，从中发现故障部位。

c. 检测 IC 故障部位的外围电路是否正常。

d. 判断集成电路本身的好坏。

③观测引脚的波形，从而判断 IC 的好坏。

a. 将被测在路集成电路的印制电路板（或整机）接通电源。

b. 用示波器观测集成电路各引脚的波形，并与正确的波形（或标准波形）相比较，从中发现故障部位。

c. 判断集成电路本身的好坏。

（4）结果记录

1）将集成电路直观识别的结果填入表 1–1–24 中。

表 1–1–24 集成电路直观识别的结果

序号	名称	型号	生产厂商	封装形式	使用范围

2）画出集成电路的外形示意图，并说明各引脚的排列顺序。

3）将非在路与在路集成电路各引脚正、负电阻阻值的测量结果填入表 1–1–25 中并判断好坏。

表 1–1–25 集成电路各引脚正、负电阻阻值的测量结果

非在路 / 在路 IC 引脚		1		2		3		4		5		6		7		8		9		10	
方向		正向	反向	正向	反向	正向	反向	正向	反向	正向	反向	正向	反向	正向	反向	正向	反向	正向	反向	正向	反向
标准电阻																					
实测电阻	*R*×100 挡																				
	R×1 k 挡																				
判断好坏																					

4）将在路集成电路各引脚对地电压值的测量结果填入表 1–1–26 中并判断好坏。

表 1–1–26 在路集成电路各引脚对地电压值的测量结果

在路 IC 引脚	1	2	3	4	5	6	7	8	9	10
挡位										
标准电压										
实测电压										
判断好坏										

任务 4 光电器件的识别与测试

学习目标

1. 能识别与测试发光二极管。

2. 能识别与测试光敏电阻、光电二极管、光电三极管及光电耦合器等光敏器件。

光电器件的种类有很多，大致可分为发光二极管、光敏器件和数显器件三类，这里主要介绍前两类。

一、发光二极管的识别与测试

发光二极管是采用磷化镓或磷砷化镓等半导体材料制成的、直接将电能转换为光能的结型电致发光器件。它可以用作指示器、光电传感器、测试装置、遥测/遥控设备等。

1. 发光二极管的种类、型号与主要技术参数

发光二极管与普通二极管一样也是由 PN 结构成的，具有单向导电性。当给其施加 2~3 V 正向电压，只要有正向电流通过时，它就会发光。发光二极管可按制造材料、发光色别、封装形式和外形等分成许多种类。现在比较常用的外形有圆形、正方形和矩形，发光色别分为有色透明型和散射型，发光颜色以红、绿、黄、橙等单色为主，也有一些能发出多种颜色的变色发光二极管。按光的波长，发光二极管可分为激光二极管、红外发光二极管与可见光发光二极管（包括普通型、电压控制型及闪烁发光二极管）。圆形发光二极管的外径有 $\phi1\sim\phi20$ mm 多种规格，常见的有 $\phi3$ mm 和 $\phi5$ mm 两种。

发光二极管以其工作电压低、功率小、发光稳定、体积小、使用寿命长等优点，广泛用作音响设备中的电平指示器和电源指示器。

发光二极管的外形及电路符号如图 1–1–85 所示。“红–绿–橙”变色发光二极管的外形及电路符号如图 1–1–86 所示，其内部两根二极管采用共阴极接法，K 为公共阴极，R 为发红光管 VD1 的正极，G 为发绿光管 VD2 的正极。

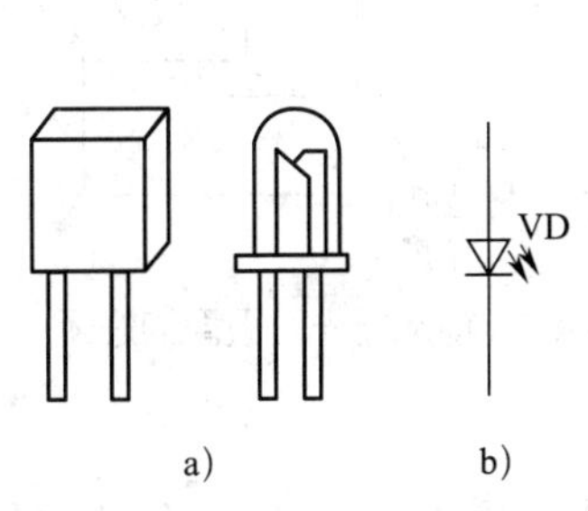

图 1–1–85 发光二极管的外形及电路符号

a）外形 b）电路符号

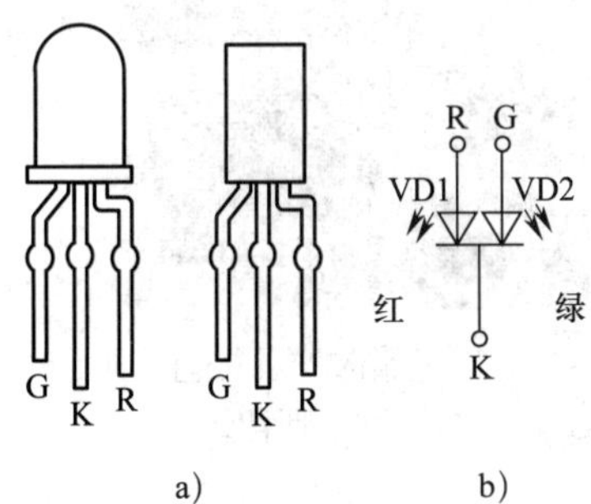

图 1–1–86 “红–绿–橙”变色发光二极管的外形及电路符号

a）外形 b）电路符号

发光二极管的型号比较多，常见的有 BT 系列、2EF 系列、LED 系列等。一般使用场合，只要外形和发光颜色相符，大多数不同型号的发光二极管均可互换使用。对于某些特殊型号的发光二极管，可查阅相关产品手册或资料后再选用。

小电流发光二极管主要有电学和光学两类技术参数。其中，电学技术参数主要有最大工作电流、正向压降和反向耐压等。这些参数的意义和普通二极管相应参数的意义相当。

2. 普通发光二极管的检测

检测普通发光二极管（以下简称发光二极管）的极性和好坏，主要有以下四种方法：

（1）原则上可采用前述检测普通二极管的方法进行检测，但对于非低压型发光二极管，因为其正向导通电压大于 1.8 V，而万用表大多用 1.5 V 电池（$R\times10$ k 挡除外），所以无法使管子导通，测得其正、反向电阻阻值均很大，难以判断其极性。

通常用万用表 $R\times10$ k 挡（内装 9 V 或 15 V 电池）测量其正向电阻阻值，用 $R\times1$ k 挡测量其反向电阻阻值，判断方法与普通二极管相同，如图 1–1–87 所示。

（2）万用表外接一节 1.5 V 电池，将万用表拨至 $R\times10$ 挡或 $R\times100$ 挡，用表笔分别与发光二极管两端接触（图 1–1–88）。若管子发光，说明其性能良好；若管子不亮，调换表笔再测，若管子发光，说明其性能良好，若管子仍不亮，说明其已损坏。不能用高电压电池检测其发光情况，否则会因电流过大而损坏发光二极管。

图 1–1–87　检测发光二极管的正、反向电阻阻值

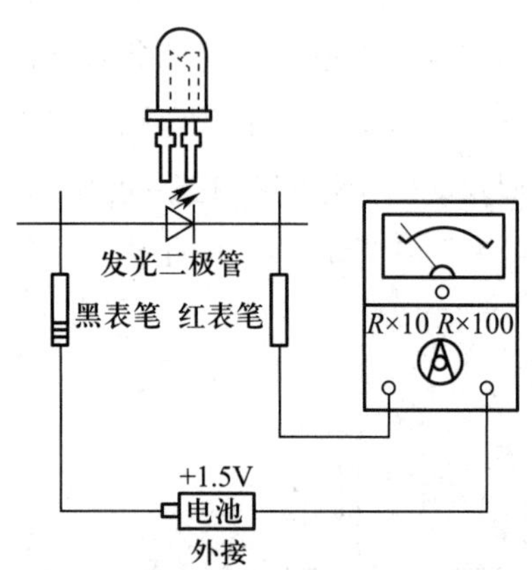

图 1–1–88　检测发光二极管的好坏 1

（3）用一只容量大于 100 μF 的电解电容（容量越大，现象越明显），先用万用表 $R\times100$ 挡对其充电（黑表笔接电容正极，红表笔接电容负极），充电完成后，黑表笔改接电容负极，将被测发光二极管接于红表笔和电容正极之间，如果发光二极管点亮后逐渐熄灭，说明其性能良好。此时红表笔所接的是管子的负极，电容正极所接的是管子的正极，如图 1–1–89 所示。

如果发光二极管不亮，将其两端对调重新接上测试，若仍不亮，说明管子已损坏。

（4）用两块万用表，将其都拨至 $R\times1$ 挡，用一根表笔将其串联，即把表笔一端插入第一块万用表的正塞孔，另一端插入第二块万用表的负塞孔，将被测发光二极管接于第一块万用表的黑表笔和第二块万用表的红表笔之间，如图 1-1-90 所示。若管子发光，说明其性能良好；若管子不亮，将两表笔对调再测，若仍不亮，说明管子已损坏。

图 1-1-89 判断发光二极管的极性

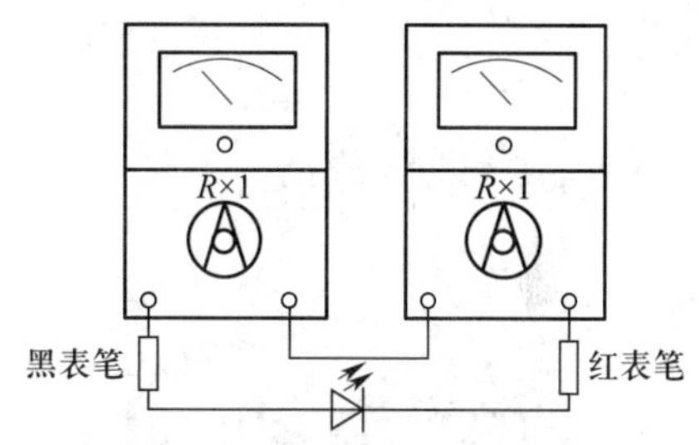

图 1-1-90 检测发光二极管的好坏 2

3. 变色发光二极管的检测

检测变色发光二极管时，可参考万用表外接一节 1.5 V 电池测量普通发光二极管的方法分三步检测。

第一步，用黑表笔接 R 端、红表笔接 K 端，管子应发红光。

第二步，黑表笔改接 G 端，管子应发绿光。

第三步，用黑表笔同时接 R 端和 G 端，红表笔仍接 K 端，管子应发出复合光——橙光。

注意，用以上方法检测变色发光二极管好坏的同时，也可判断出正负极，即测反向电阻时，若管子不亮，此时红表笔所接为正极，黑表笔所接为负极。变色发光二极管的正、负极也可以通过查看引脚（长脚为正，短脚为负）或内芯结构进行识别。

4. 红外发光二极管的检测

（1）红外发光二极管好坏的判别

使用万用表测量红外发光二极管的正、反向电阻，应选用万用表 $R\times1$ k 挡，若其正向电阻阻值约为 30 kΩ，反向电阻阻值在 200 kΩ 以上，说明管子性能良好。反向电阻阻值越大，漏电流越小，管子质量越好。若反向电阻阻值只有几十千欧，说明管子质量差；若正、反向电阻阻值都为 ∞ 或 0 时，说明管子已损坏，如图 1-1-91 所示。

注意，检测在路红外发光二极管（如难以拆卸）的好坏时，可用一只光敏二极管

与万用表 $R\times1$ k 挡正向连接后去靠近红外发光二极管。若万用表指针向阻值小的方向偏转，说明红外发射有效。在检测时为了保证准确性，应在光线较暗处进行，或把周围的亮光挡住。

（2）红外发光二极管极性的判别

若用万用表测得红外发光二极管正向电阻阻值为 20~40 kΩ，此时黑表笔所接的引脚为正极。

直观识别：红外发光二极管的长引脚一般为正极，短引脚一般为负极；全塑封装的 ϕ3 mm、ϕ5 mm 型管的侧向有一小平面，靠近小平面一端的引脚为负极，如图 1–1–92 所示。

图 1–1–91　红外发光二极管好坏的判别

图 1–1–92　红外发光二极管极性的直观识别

5. 激光二极管的检测

（1）万用表检测法

与判断普通二极管好坏的方法相同，即用万用表检测激光二极管两端正、反向电阻。一般性能良好的激光二极管正向电阻阻值为 18~25 kΩ，反向电阻阻值为∞。老化失效的激光二极管正向电阻阻值为 50 kΩ 以上，反向电阻阻值为 600~900 kΩ。

用万用表检测在路激光二极管（如激光头）时，拆卸较麻烦，且判断的准确性与平时积累的经验数据有关，故很少采用。

（2）直接观察法

当怀疑激光头中的激光二极管工作不正常时，可从激光头侧面观察激光二极管对应面的物镜，看有无红光束从其上射出。若有红光束，说明激光二极管工作正常；若无红光束，则说明激光二极管已损坏或未工作。若红光束强，说明激光二极管性能良好；反之，说明激光头被污染或激光二极管的发射能力减弱，如图 1–1–93 所示。

图 1–1–93　用直接观察法检查激光二极管的好坏

（3）利用红外接收二极管判断法

选用一只红外接收二极管（如 PH302B、PD48P11、PH309 等），在管子正、负极分别焊上一根软导线并接万用表的红、黑表笔。测量时把万用表置于 $R\times1$ k 挡，万用表显示的数值是红外接收二极管的反向电阻阻值，其值为 360~450 kΩ（在白天室内工作环境下）。

用万用表电阻挡与红外接收二极管相连便可组成激光检测仪，用来判定有无激光束或光束强弱。使用此法较为准确，操作简单，也不会灼伤人眼。

二、光敏器件的识别与测试

常见的光敏器件有光敏电阻、光电二极管、光电三极管和光电耦合器等。光敏器件的应用广泛，发展迅速。

1．光敏器件的识别

（1）光敏电阻

光敏电阻是利用半导体的光致导电特性制成的，是无结器件。常用的光敏材料有硫化镉（CdS）、硒化镉（CdSe）和硫化铅（PbS）等。目前生产和应用较多的是硫化镉光敏电阻。带金属外壳的光敏电阻的外形和图形符号如图 1-1-94 所示。

（2）光电二极管和光电三极管

光电二极管又称为光敏二极管，构造和普通二极管相似，其不同点是光电二极管管壳上有入射光窗口。给光电二极管施加反向工作电压，无光照射时，其反向电阻较大；有光照射时，其反向电流增加。目前用得最多的是硅材料制成的 PN 结型光电二极管，主要用于计算机和光纤通信中。

光电三极管也是靠光的照射来控制电流的器件，可等效为一只光电二极管和一只三极管的结合，所以它具有放大作用，其外形和电路符号如图 1-1-95 所示。其外形和发光二极管相似，有所区别的是光电三极管一般只引出集电极和发射极。有的基极也有引出线，作为温度补偿用。

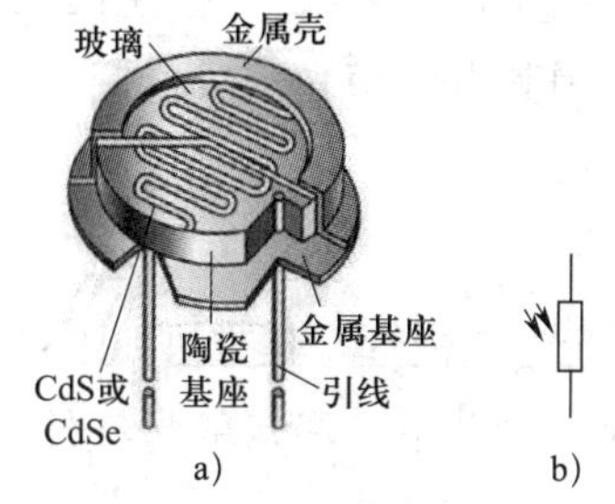

图 1-1-94 带金属外壳的光敏电阻的外形和图形符号

a）外形 b）电路符号

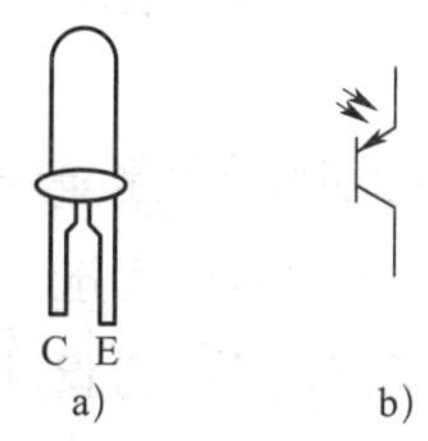

图 1-1-95 光电三极管的外形和电路符号

a）外形 b）电路符号

（3）光电耦合器

光电耦合器是一种光电结合的半导体器件，是由发光器和受光器组成的一个“电－光－电”器件。当输入端有电信号输入时，发光器发光，受光器受到光照后产生电流，输出端就有电信号输出，实现了以光为媒介的电信号传输。这种电路使输入端与输出端无直接的电气联系，实现了两端的电隔离，因而有优良的抗干扰能力，广泛用于脉冲耦合电路。

常见的光电耦合器有发光二极管与光电三极管光电耦合器、发光二极管与光敏可控硅光电耦合器等。

发光二极管与光电三极管光电耦合器的电路符号如图 1–1–96 所示。F、E1 为输入端，C、E2 为输出端。光电耦合器的外形如图 1–1–97 所示。

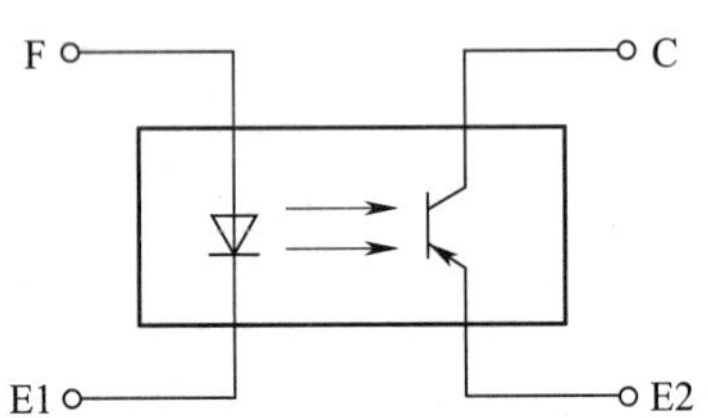

图 1–1–96　发光二极管与光电三极管光电耦合器

图 1–1–97　光电耦合器的外形

2. 光敏器件的测试

（1）光电二极管的测试

光电二极管的测试方法有电阻测量法和电压测量法等。

1）电阻测量法。用电阻测量法判断光电二极管的好坏时，可用万用表 $R\times1$ k 挡测量其正、反向电阻，如图 1–1–98 所示。光电二极管的正向电阻阻值约为 10 kΩ。

若无光照射时，反向电阻阻值为∞，说明管子性能良好；若有光照射时，反向电阻阻值随光照强度增加而减小，且阻值可减小到 1 kΩ 以下，说明管子性能良好；若有光照射时，正、反向电阻阻值都为∞或 0，说明管子已损坏。

2）电压测量法。将万用表置于直流电压最低挡（1 V 或 2.5 V），用红表笔接光电二极管的正极，用黑表笔接其负极，在光照下，因其电压与光照成比例，一般可达 0.2~0.4 V。

3）区分红外发光二极管和红外光电二极管

在工作中有时需要区分红外发光二极管和红外光电二极管。其方法如下：

①若管子都是透明树脂封装，可通过窗口观察，管芯下有浅盘的是红外发光二极管，没有浅盘的是红外光电二极管。

②若管子尺寸过小或是黑色树脂封装，可用万用表 $R\times1$ k 挡检测其正、反向电阻。无光照时，正向电阻阻值为 20~40 kΩ、反向电阻阻值大于 200 kΩ 的是红外发

光二极管；正向电阻阻值为 10 kΩ、反向电阻阻值接近∞的是红外光电二极管，如图 1-1-99 所示。

图 1-1-98　测量光电二极管的正、反向电阻

图 1-1-99　区分红外发光二极管和红外光电二极管

（2）光电三极管的测试

与光电二极管类似，光电三极管也可以用万用表测量。用万用表 $R\times1$ k 挡测量其正、反向电阻，用黑表笔接集电极，用红表笔接发射极，无光照射时阻值为∞，在灯光照射下，阻值可减小到几千欧以下。若将表笔调换，无论有无光照，阻值皆趋于∞。光电三极管一般引脚较短的是 C 极，引脚较长的是 E 极。

（3）光电耦合器的测试

光电耦合器的测试分为静态测试和性能测试。由于光电耦合器中的发光二极管与光电三极管是相互独立的，可以用万用表单独测试这两部分。

1）静态测试

①用万用表 $R\times100$ 或 $R\times1$ k 挡测量发光二极管的正、反向电阻。正常情况下正向电阻阻值为几百欧，反向电阻阻值为几千欧至几十千欧；若测量结果是正、反向电阻阻值接近，说明发光二极管的性能欠佳或已损坏。

②用万用表 $R\times100$ 或 $R\times1$ k 挡测量光电三极管的正、反向电阻，若阻值正常，说明其具有单向导电性。然后检测其穿透电流，用黑表笔接集电极，用红表笔接发射极，表针应有微动；对调两表笔再测，表针应不动，即正、反向测量其阻值均为∞，否则说明光电三极管已损坏，如图 1-1-100 所示。

图 1-1-100　检测光电三极管

③用万用表 $R\times10$ k 挡测量发光二极管和光电三极管的绝缘电阻，其阻值应为∞，发光二极管和光电三极管只要有一个器件损坏，或它们之间的绝缘电阻不良，则该光电耦合器就不能正常使用。

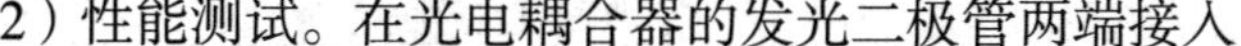

2）性能测试。在光电耦合器的发光二极管两端接入

正向电压 3 V［其中限流电阻 $R=(3-U_F)/I_F$，U_F、I_F 分别为发光二极管的工作电压和工作电流］，用万用表 $R\times1$ 挡测量光电三极管的正、反向电阻，正常情况下，正向电阻阻值应为 10~30 Ω，反向电阻阻值应为∞。若所测数值与上述数值相差较大，说明光电耦合器的性能欠佳或已损坏。

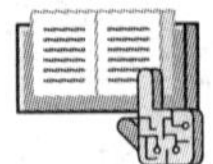

技能训练

1. 训练内容

光电器件的识别与测试。

2. 仪器、仪表及材料（表 1-1-27）

表 1-1-27　仪器、仪表及材料

<table>
<tr><th colspan="4">材料</th><th rowspan="2">仪器、仪表</th></tr>
<tr><th>名称</th><th>型号、种类</th><th>名称</th><th>型号、种类</th></tr>
<tr><td>普通发光二极管</td><td>FG</td><td>光电耦合器</td><td>普通型 / 双路线性</td><td rowspan="7">数字式万用表、模拟式万用表</td></tr>
<tr><td>变色发光二极管</td><td>2EF</td><td>LED 数码管</td><td>共阴极 / 共阳极</td></tr>
<tr><td>红外发光二极管</td><td>GL</td><td>LED 显示器</td><td>—</td></tr>
<tr><td>激光二极管</td><td>TOLD</td><td>干电池</td><td>1 号</td></tr>
<tr><td>光电二极管</td><td>2CU</td><td>电阻器</td><td>限流电阻</td></tr>
<tr><td>光电三极管</td><td>3DU</td><td>电容器</td><td>100 pF</td></tr>
<tr><td>软铜线</td><td>—</td><td></td><td></td></tr>
</table>

3. 评分标准（表 1-1-28）

表 1-1-28　评分标准

<table>
<tr><th>序号</th><th>项目内容</th><th colspan="2">评分标准</th><th>配分</th><th>扣分</th><th>得分</th></tr>
<tr><td>1</td><td>发光二极管的识别与测试</td><td colspan="2">（1）不会直观识别各种发光二极管或识别错误，每件扣 5 分
（2）不会检测各种发光二极管的性能或检测错误，每件扣 5 分</td><td>50 分</td><td></td><td></td></tr>
<tr><td>2</td><td>光敏器件的识别与测试</td><td colspan="2">（1）不会直观识别各种光敏器件或识别错误，每件扣 5 分
（2）不会检测各种光敏器件的性能或检测错误，每件扣 5 分</td><td>40 分</td><td></td><td></td></tr>
<tr><td>3</td><td>安全文明生产</td><td colspan="2">违反安全文明生产扣 5~10 分</td><td>10 分</td><td></td><td></td></tr>
<tr><td colspan="2" rowspan="2">时间：90 min</td><td>备　注</td><td>合　计</td><td>100 分</td><td></td><td></td></tr>
<tr><td></td><td>教师签字</td><td colspan="3"></td></tr>
</table>

4．训练步骤

（1）普通发光二极管和变色发光二极管的识别与测试

1）用直观法识别普通发光二极管的正、负极性。

2）用万用表检测低压发光二极管的正、负极性及其性能。

3）用万用表检测高压发光二极管的正、负极性及其性能，具体如下：

①用串联 1.5 V 干电池的方法检测。

②用串联电容（>100 pF）法检测。

③用双万用表法检测。

4）检测变色发光二极管的 G、K、R 引脚。

（2）红外发光二极管的识别与测试

1）用直观法判别并区分红外发光二极管和红外光电二极管。若不能用直观法判别，可用万用表测量其正、反向电阻，以进行区别。

2）用直观法或万用表检测红外发光二极管的正、负极性。

3）用万用表检测红外发光二极管的质量好坏，或用万用表正向连接一只光敏二极管检测在路红外发光二极管的发射有效性。

（3）激光二极管的识别与测试

1）用直观法判别在路激光二极管（激光头）是否能正常工作。

2）用万用表检测激光二极管的极性及性能。

3）用万用表与红外接收二极管组成的激光检测仪判别在路激光二极管有无激光束或激光束强弱。

（4）光电二极管和光电三极管的识别与测试

1）光电二极管的识别与测试

①用直观法识别光电二极管的正、负极性。

②用万用表 $R\times1$ k 挡在无光照和有光照两种情况下，分别测量光电二极管的正、反向电阻，以判断其质量好坏。

③在光照条件下，用万用表直流 1 V 挡测量光电二极管的正向压降及其随光照强度的变化情况，以判定其质量好坏。

2）光电三极管的识别与测试

①用直观法识别光电三极管的各引脚。

②用万用表测量光电三极管的正、反向电阻。光电三极管的检测方法与光电二极管的检测方法基本相同。

（5）光电耦合器的测试

1）静态测试

①用万用表 $R\times100$（或 $R\times1$ k）挡检测其发射管的单向导电性。

②用万用表 $R\times1$ k 挡测量其接收管的正、反向电阻，以判断接收管的好坏。

③用万用表 $R\times10$ k 挡测量发射管和接收管之间的绝缘电阻，以判断光电耦合器的好坏。

2）性能测试

①加 3 V 电源（串联限流电阻），用万用表 $R\times1$ 挡测量接收管的正、反向电阻，以判断光电耦合器的好坏。

②用万用表测量光电耦合器的以下参数：

a. 发光二极管的正向压降。

b. 光敏三极管的集电结正向压降和发射结正向压降（光敏三极管具有基极引出线的光电耦合器）。

课题二　电子焊接基本操作 

任务 1　手工烙铁焊接操作

学习目标

1. 熟悉电烙铁的种类、构造、选用原则、握法及使用注意事项。
2. 熟悉尖嘴钳、平嘴钳、斜口钳和镊子的作用。
3. 熟悉常用的焊料与焊剂。
4. 掌握焊接工艺和导线焊接技术。
5. 能用电烙铁焊接各种电子元件。

一、电烙铁

电烙铁是进行焊接的必备工具。电烙铁常用的规格有 25 W、45 W、75 W、100 W 和 300 W 等。电烙铁的功率应选用适当，若用大功率电烙铁钎焊弱电元件，不但浪费电力，还会烧坏该元件；若电烙铁的功率过小，则会因热量不够而影响焊接质量。

在混凝土和泥土等导电地面使用电烙铁时，其外壳必须妥善接地，以防触电。

焊接一般的电子元件常用 25 W 和 45 W 的电烙铁；焊接强电元件要用 45 W 以上的电烙铁。

1. 电烙铁的种类和构造

常用的电烙铁有外热式、内热式、恒温式和吸锡式等，它们都是利用电流的热效应进行焊接工作的。

（1）外热式电烙铁

外热式电烙铁的外形及烙铁芯的结构如图 1–2–1 所示，它主要由烙铁头、电阻丝、外壳和手柄等部分组成。外热式电烙铁的烙铁芯安装在烙铁头外面。

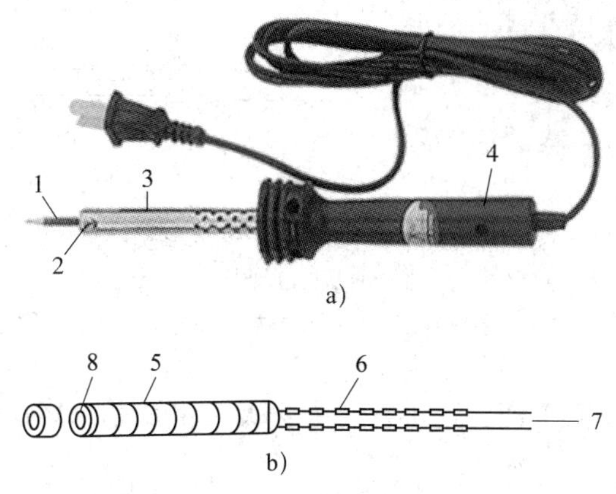

图 1–2–1 外热式电烙铁的外形及烙铁芯的结构

a）外形 b）烙铁芯的结构

1—烙铁头 2—烙铁头固定螺钉 3—外壳 4—手柄 5—电阻丝 6—瓷管 7—引线 8—云母片

烙铁芯是电烙铁的关键部件，它是将电阻丝平行地绕制在一根空心瓷管上，中间用云母片绝缘，并引出两根导线与 220 V 交流电源连接。

外热式电烙铁常用的规格有 25 W、45 W、75 W 和 100 W 等。

烙铁芯的阻值不同，电烙铁的功率也不相同，可以用万用表电阻挡初步判别电烙铁的好坏及功率的大小。

烙铁头一般是用紫铜制成的，作用是储存热量和传导热量。电烙铁的温度与烙铁头的体积、形状、长短等都有一定的关系。当烙铁头的体积比较大时，则保持温度的时间就长些。

另外，为了适应不同焊接物的要求，烙铁头的形状有所不同，常见的有锥形、凿形、圆斜面形等，具体的形状如图 1–2–2 所示。

（2）内热式电烙铁

内热式电烙铁具有升温快、质量轻、耗电少、体积小、热效率高等优点，应用非常广泛。内热式电烙铁的外形及结构如图 1–2–3 所示。

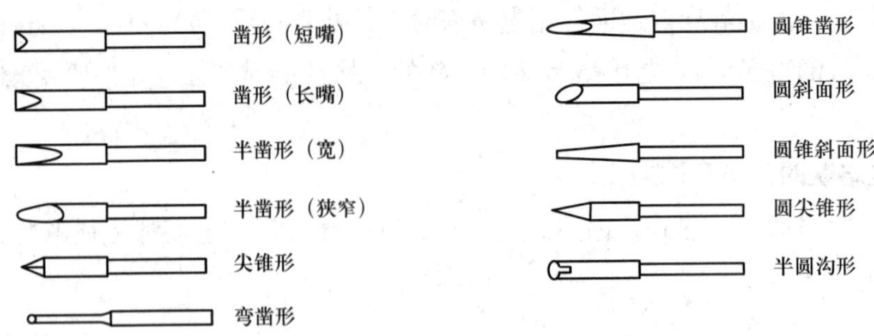

图 1-2-2　烙铁头的形状

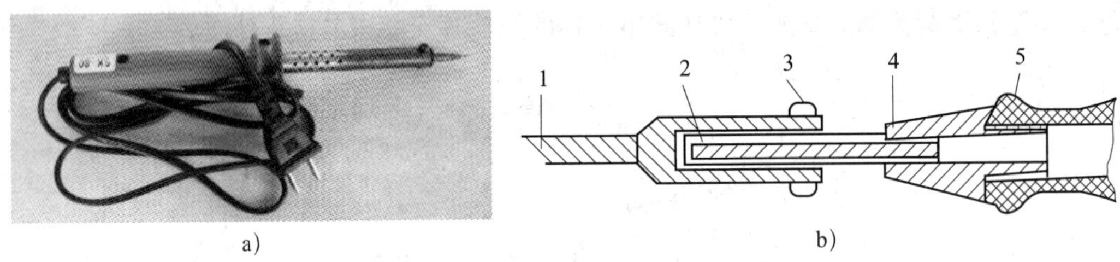

a)　　b)

图 1-2-3　内热式电烙铁的外形及结构
a）外形　b）结构
1—烙铁头　2—烙铁芯　3—弹簧夹　4—连接杆　5—手柄

内热式电烙铁主要由手柄、连接杆、弹簧夹、烙铁芯、烙铁头组成。内热式电烙铁的烙铁芯安装在烙铁头里面。

内热式电烙铁的烙铁头后端是空心的，用于套在连接杆上，并用弹簧夹固定。当需要更换烙铁头时，必须先将弹簧夹退出，同时用钳子夹住烙铁头的前端，慢慢将其拔出，切记不能用力过猛，以免损坏连接杆。

内热式电烙铁的烙铁芯是用比较细的镍铬电阻丝绕在瓷管上制成的，其电阻约为 2.5 kΩ（20 W），电烙铁的温度一般可达 350 ℃左右。

内热式电烙铁常用的规格有 20 W、25 W 和 50 W 等。由于它的热效率高，20 W 的内热式电烙铁就相当于 40 W 左右的外热式电烙铁。

（3）吸锡式电烙铁和恒温式电烙铁

吸锡式电烙铁（图 1-2-4）是将活塞式吸锡器与电烙铁融为一体的拆焊工具。它具有使用方便、适用范围广等优点，不足之处是每次只能对一个焊点进行拆焊。恒温式电烙铁（图 1-2-5）是在烙铁头内装有温度控制器，通过控制通电时间而实现温度控制。

2. 电烙铁的选用原则、握法与使用注意事项

（1）电烙铁的选用原则

1）焊接集成电路、晶体管及其他受热易损元器件时，应选用 20 W 内热式或 25 W 外热式电烙铁。

2）焊接导线及同轴电缆时，应选用 45~75 W 外热式电烙铁，或 50 W 内热式电烙铁。

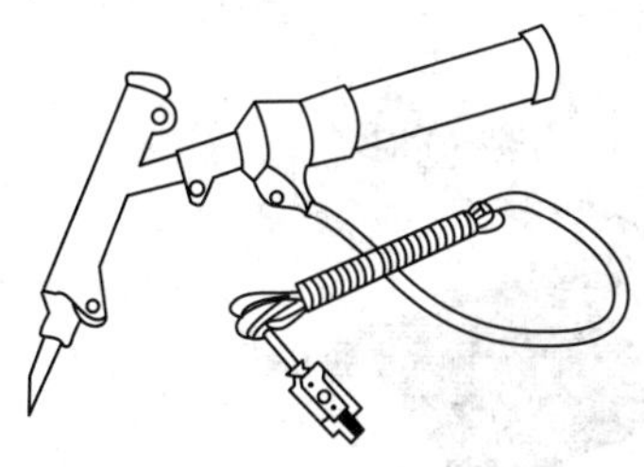

图 1-2-4 吸锡式电烙铁

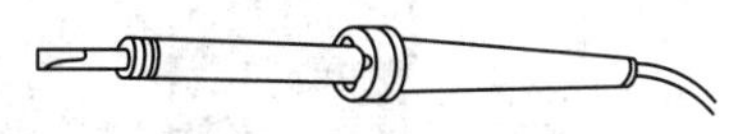

图 1-2-5 恒温式电烙铁

3）焊接圈类元器件时，如大电解电容器的引脚、金属底盘接地焊片等，应选用 100 W以上的电烙铁。

（2）电烙铁的握法

电烙铁有反握、正握和握笔法三种握法，如图 1-2-6 所示。

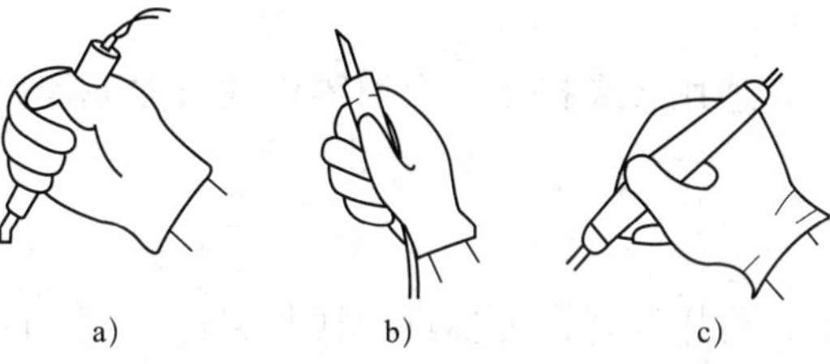

图 1-2-6 电烙铁的握法

a）反握法 b）正握法 c）握笔法

反握法就是用五根手指把电烙铁的手柄握在掌内。此握法适用于大功率电烙铁，焊接较大的被焊件。使用正握法的电烙铁功率也比较大，且多为弯形烙铁头。握笔法适用于小功率电烙铁。

（3）电烙铁的使用注意事项

1）电烙铁在使用前要检查导线、插头有无破损，连线是否正确、牢固（最好用万用表进行检查），发现问题及时排除后方可使用。

2）新电烙铁在使用前必须挂锡处理。首先将烙铁头锉成合适的形状，然后接上电源，当烙铁头温度升至可熔化锡时，将松香涂在烙铁头上，再涂上一层锡，方可使用。

3）电烙铁不使用时，应断电，以防损坏电烙铁。

4）电烙铁在焊接时，最好使用松香焊剂，以保护烙铁头不被腐蚀。不要将烙铁头上的焊锡乱甩。

5）更换烙铁芯时，注意引线不要接错，以防发生触电事故。

6）放置电烙铁时要配置烙铁架，如图 1-2-7 所示。一般将烙铁架放置在工作台右前方。电烙铁用完后一定要稳妥放置在烙铁架上，并注意导线等物不要碰烙铁头，以免烫坏绝缘，发生短路。

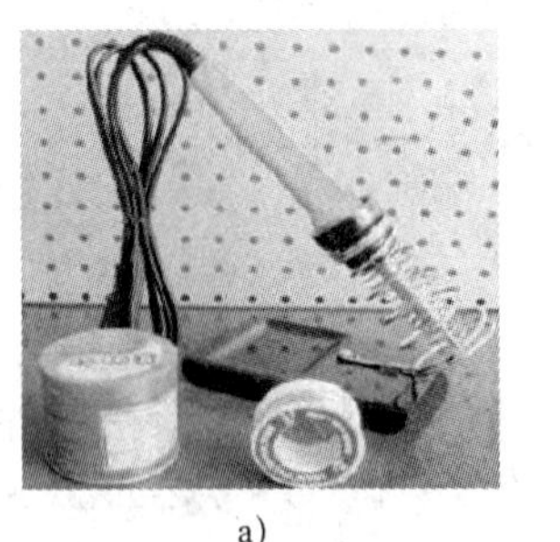

a)

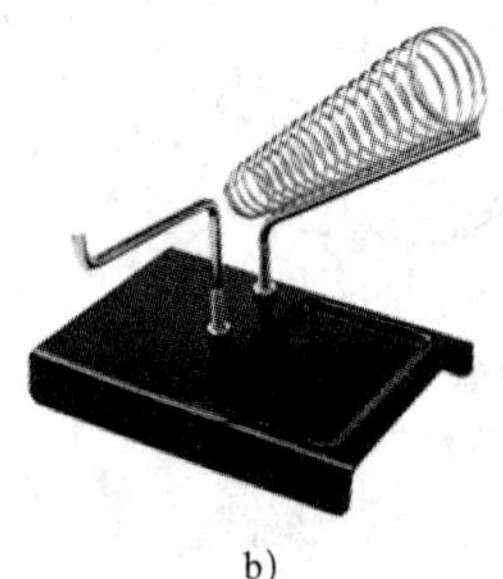

b)

图 1-2-7 电烙铁的放置
a）放在烙铁架上使用 b）烙铁架

二、焊接辅助用具

1. 尖嘴钳

尖嘴钳的头部较细，适用于夹持小型金属零件或弯曲元器件引线，不宜用于敲打物体或夹持螺母。

2. 平嘴钳

平嘴钳的钳口平直，可用于弯曲元器件引线与夹持导线。因为其钳口无纹路，所以适用于导线拉直和整形。但因其钳口较薄，不宜用于夹持螺母或需施力较大的操作。

3. 斜口钳

斜口钳用于剪掉焊后的线头，也可与尖嘴钳配合使用，剥除导线的绝缘外层。

4. 镊子

镊子分为尖嘴镊子和圆嘴镊子两种。尖嘴镊子用于夹持较细的导线，以便于装配和焊接。圆嘴镊子用于弯曲元器件引线和夹持元器件进行焊接等，有利于散热。另外，剥线钳、钢直尺、活扳手、小刀、旋具等也是经常用到的焊接辅助用具。常用的焊接辅助用具如图 1-2-8 所示。

图 1-2-8 常用的焊接辅助用具

三、焊料与焊剂

1. 焊料

焊料是指在钎焊中起连接作用的金属材料，它的熔点比被焊物的熔点低，而且易于与被焊物连为一体。焊料按组成成分划分，有锡铅焊料、银焊料和铜焊料；按使用的环境温度划分，有高温焊料和低温焊料。熔点在 450 ℃以上的焊料称为硬焊料；熔点在 450 ℃以下的焊料称为软焊料。

在电子产品装配中，一般都选用锡铅焊料，也称焊锡。其形状有圆片状、带状、球状、丝状等，常用的是丝状焊料，即焊锡丝，焊锡丝的直径有 4 mm、3 mm、2 mm、1.5 mm 等规格。

锡铅焊料在 180 ℃时便可熔化，使用 25 W 外热式电烙铁或 20 W 内热式电烙铁便可以进行焊接。它具有一定的力学强度，导电性能、抗腐蚀性能良好，对元器件引线和其他导线的附着力强，不易脱落，因此，在焊接技术中得到了极其广泛的应用。

2. 焊剂

在进行焊接时，为了能使被焊物与焊料焊接牢靠，必须去除焊件表面的氧化物和杂质。去除杂质通常有机械方法和化学方法，机械方法是用砂纸和小刀将氧化层去掉；化学方法则是借助焊剂清除。焊剂能防止焊件在加热过程中被氧化以及把热量从烙铁头快速地传递到被焊物上。

松香酒精焊剂是用无水乙醇溶解纯松香配制成的松香酒精溶液，其优点是没有腐蚀性，具有高绝缘性能和长期稳定性及耐湿性。使用松香酒精焊剂焊接后清洗较容易，并形成覆盖焊点的膜层，使焊点不被氧化或腐蚀。电子线路中的焊接通常都采用松香酒精焊剂。

焊丝和焊剂如图 1-2-9 所示。

图 1-2-9　焊丝和焊剂

四、焊接工艺

1. 对焊接的要求

焊接的质量直接影响整机产品的可靠性与质量。因此，在焊接时，必须做到以下三点：

（1）焊点的力学强度要满足需要。为了保证足够的力学强度，一般采用把被焊元器件的引线端子打弯后再焊接的方法，但不能用过多的焊料堆积，以防止造成虚焊或焊点之间短路。

（2）焊接可靠，保证导电性能良好。为了保证导电性能良好，必须防止虚焊。

（3）焊点表面要光滑、清洁。为了使焊点光滑、清洁，不但要求操作人员具有熟练的焊接技能，而且要选择合适的焊料和焊剂，否则将出现表面粗糙、拉尖、棱角现象。其次，电烙铁的温度也要保持适当。

2. 焊接前的准备

（1）元器件引线加工成形

元器件在印制电路板上的排列和安装方式有两种，一种是立式，另一种是卧式。引线的跨距应根据尺寸优选 2.5 的倍数。加工时，注意不要将引线齐根弯折，并用工具保护引线的根部，以免损坏元器件。元器件引线加工成形图例如图 1–2–10 所示。

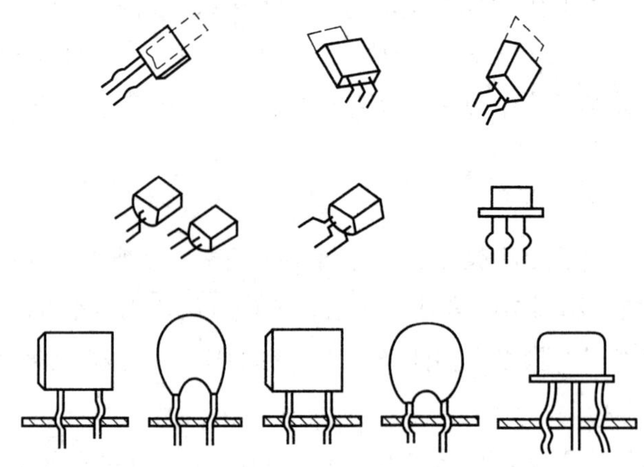

图 1–2–10　元器件引线加工成形图例

（2）搪锡（镀锡）

时间一长，元器件引线表面会产生一层氧化膜，影响焊接。因此，除少数有银、金镀层的引线外，大部分元器件引线在焊接前必须先搪锡。

3. 焊接的步骤

焊接五步操作法如图 1–2–11 所示。对于小热容量焊件而言，整个焊接过程不超过 2~4 s。

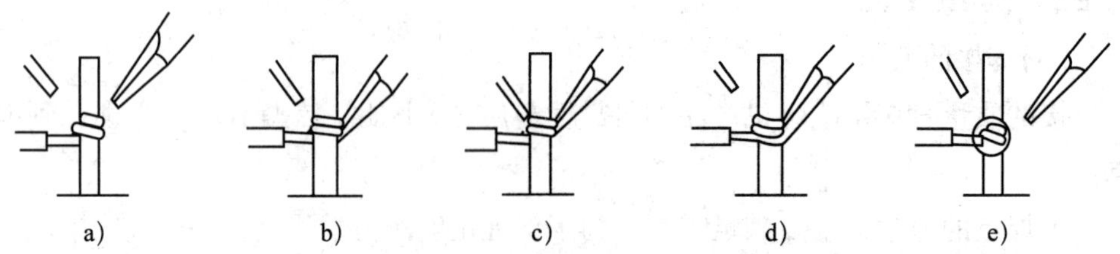

图 1–2–11　焊接五步操作法

a）准备　b）加热　c）送丝　d）去丝　e）移电烙铁

4．焊接操作方法

（1）采用正确的加热方法

根据焊件形状选用不同的烙铁头，尽量让烙铁头与焊件形成面接触，而不是点接触或线接触，这样能大大提高焊接效率。不要用烙铁头对焊件施力，这样会加速烙铁头的损耗和造成元器件损坏。加热方法如图 1–2–12 所示。

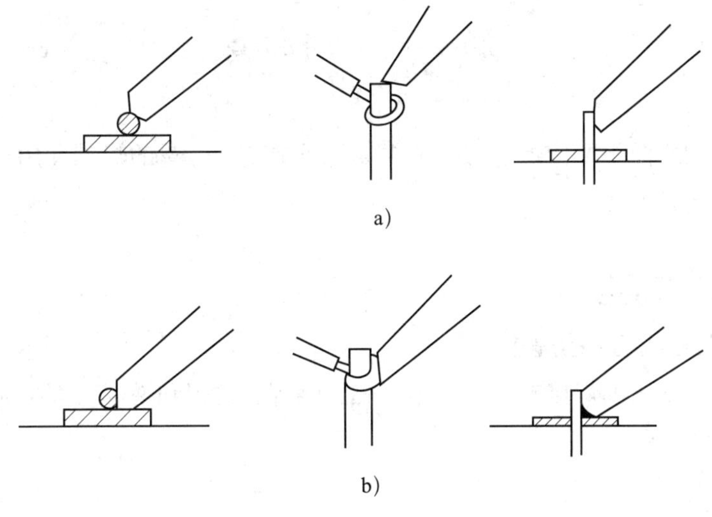

图 1–2–12 加热方法

a）不正确 b）正确

（2）加热要靠焊锡桥

加热要靠焊锡桥是指在电烙铁上保留少量焊锡作为加热时烙铁头与焊件之间传热的桥梁，但作为焊锡桥的锡保留量不可过多。

（3）采用正确的移除电烙铁的方式

电烙铁移除要及时，移除时的角度和方向对焊点的成形有一定影响，如图 1–2–13 所示。

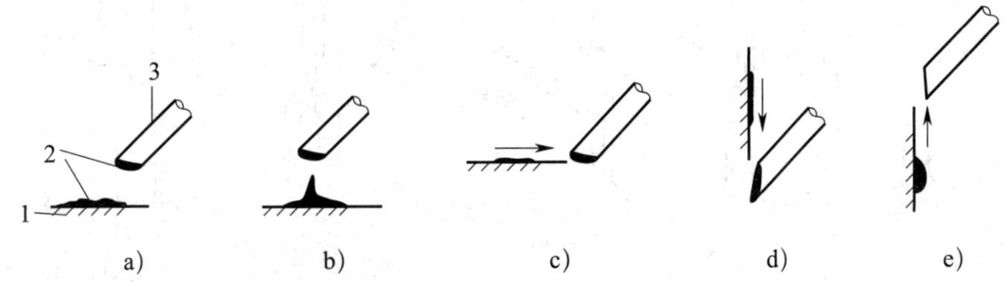

图 1–2–13 电烙铁移除时的角度和方向

a）电烙铁轴向 45°移除 b）向上移除拉尖 c）水平方向移除

d）垂直向下移除，烙铁头吸除焊锡 e）垂直向上移除，烙铁头上不挂锡

1—工件 2—焊锡 3—烙铁头

（4）焊锡量要合适

焊锡量过多，容易造成焊点上焊锡堆积并易造成短路，且浪费材料；焊锡量过少，焊接不牢，容易使焊件脱落，如图 1–2–14 所示。

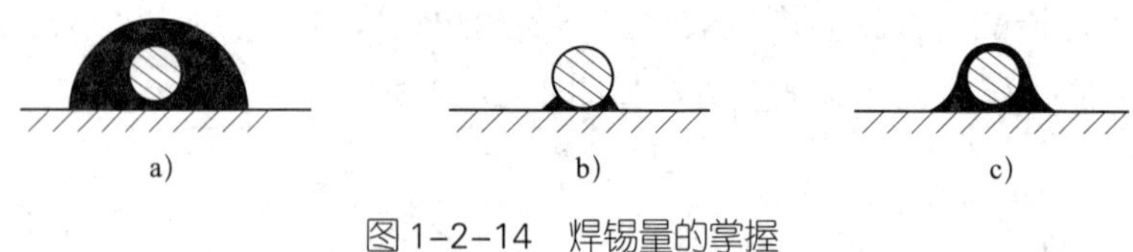

图 1–2–14　焊锡量的掌握

a）过多　b）过少　c）适量

在焊锡凝固之前不要使焊件移动或振动，不要使用过量的焊剂和用已预热的烙铁头作为焊料的运载工具。

五、导线焊接技术

1．导线与接线端子的焊接

导线与接线端子的焊接有三种基本形式：绕焊、钩焊和搭焊。焊接时导线的弯曲形状如图 1–2–15a 所示。

（1）绕焊

绕焊是指把经过镀锡的导线端头在接线端子上缠一圈，用钳子拉紧缠牢后进行焊接，如图 1–2–15b 所示。这种焊接可靠性最好。

（2）钩焊

钩焊是指将导线端子弯成钩形，钩在接线端子上并用钳子夹紧后焊接，如图 1–2–15c 所示。这种焊接操作简便，但强度低于绕焊。

（3）搭焊

搭焊是指把镀锡的导线端搭到接线端子上施焊，如图 1–2–15d 所示。这种焊接最简便，但强度和可靠性最差，仅用于临时连接等。

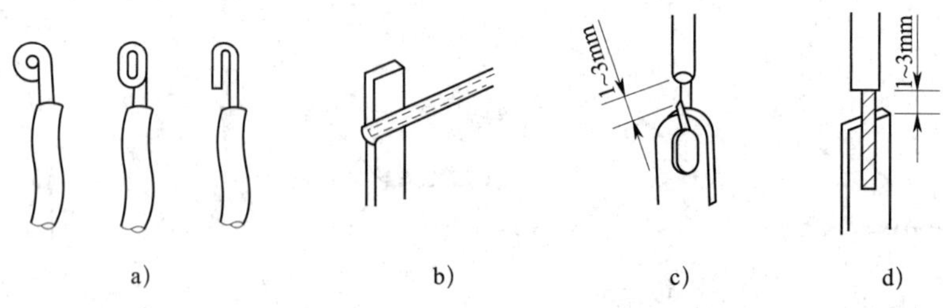

图 1–2–15　导线与接线端子的焊接

a）导线的弯曲形状　b）绕焊　c）钩焊　d）搭焊

2．导线与导线的焊接

导线之间的焊接以绕焊为主，操作步骤如下：

（1）去掉一定长度的导线绝缘外层。

（2）端头上锡。

（3）绞合导线（若导线粗细不同，则细线绕粗线），施焊。

（4）趁热套上绝缘套管，冷却后将绝缘套管固定在接头处。

对调试或维修中的临时线，可采用搭焊的方法。导线与导线的焊接如图 1-2-16 所示。

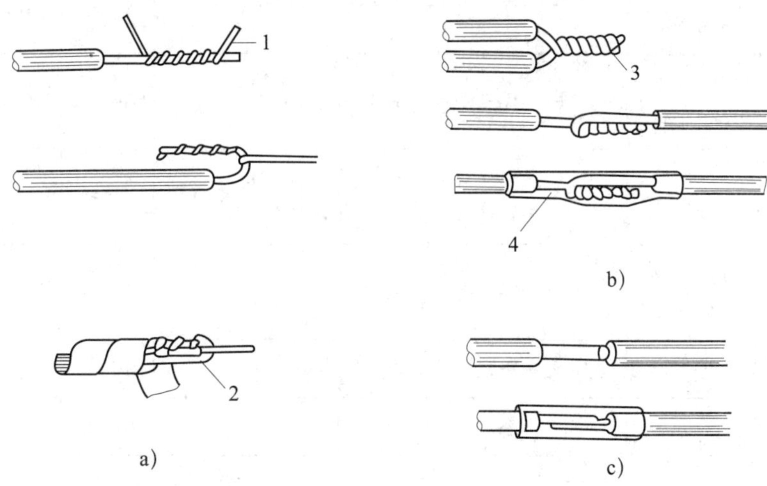

图 1-2-16 导线与导线的焊接

a）将细导线绕到粗导线上 b）绕上同样粗细的导线 c）导线搭焊

1—剪去多余的部分 2—绝缘前焊接 3—扭转并焊接 4—绝缘套管

技能训练

1. 训练内容

焊接基本训练。

2. 材料和工具（表 1-2-1）

表 1-2-1 材料和工具

材料	工具
含有 50 个空心铆钉的板子两块	电烙铁：20 W，1 把
含有 100 个孔的印制电路板 1 块	尖嘴钳：150 mm，1 把
单股及多股铜导线若干，2.5 mm^2	斜口钳：150 mm，1 把
各种焊接片、绝缘套管、接线端子若干	镊子：1 只

3. 评分标准（表 1-2-2）

表 1-2-2 评分标准

<table>
<tr><th>序号</th><th>项目内容</th><th colspan="2">评分标准</th><th>配分</th><th>扣分</th><th>得分</th></tr>
<tr><td>1</td><td>在空心铆钉板上焊接圆点</td><td colspan="2">虚焊、焊点毛糙，每处扣 1 分</td><td>10 分</td><td></td><td></td></tr>
<tr><td>2</td><td>在空心铆钉板上焊接铜导线</td><td colspan="2">虚焊、焊点毛糙，每处扣 1 分</td><td>10 分</td><td></td><td></td></tr>
<tr><td>3</td><td>在印制电路板上焊接铜导线</td><td colspan="2">虚焊、焊点毛糙，每处扣 1 分</td><td>20 分</td><td></td><td></td></tr>
<tr><td>4</td><td>导线与导线的焊接</td><td colspan="2">（1）虚焊、焊点毛糙，每处扣 1 分
（2）导线连接不正确，每处扣 3 分</td><td>25 分</td><td></td><td></td></tr>
<tr><td>5</td><td>导线与接线端子的焊接</td><td colspan="2">虚焊、焊点毛糙，每处扣 3 分</td><td>25 分</td><td></td><td></td></tr>
<tr><td>6</td><td>安全文明生产</td><td colspan="2">违反安全文明生产扣 5~10 分</td><td>10 分</td><td></td><td></td></tr>
<tr><td colspan="2" rowspan="2">时间：90 min</td><td>备 注</td><td>合 计</td><td>100 分</td><td></td><td></td></tr>
<tr><td></td><td>教师签字</td><td colspan="3"></td></tr>
</table>

4. 训练步骤

（1）在空心铆钉板的铆钉上焊接圆点。先清除空心铆钉表面的氧化层，然后焊上圆点。

（2）在空心铆钉板的铆钉上焊接铜导线。先清除空心铆钉和铜导线表面的氧化层，然后镀锡，最后在空心铆钉上焊接（直插、弯插）铜导线，如图 1-2-17 所示。

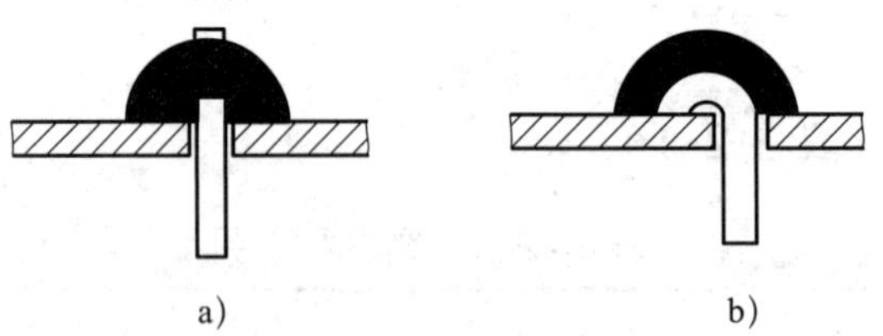

图 1-2-17 直插、弯插焊接示意图

a）直插焊接 b）弯插焊接

（3）在印制电路板上焊接铜导线。在保持印制电路板表面干净的情况下，清除铜导线表面的氧化层，然后镀锡，最后在印制电路板上焊接铜导线。

（4）用若干单股短导线（剥去导线端子绝缘层）练习导线与导线之间的焊接。

（5）用若干单股、多股导线和接线端子练习导线与接线端子之间的绕焊、钩焊及搭焊。

（6）注意事项

1）焊点要圆润、光滑，焊锡适中，没有虚焊。

2）剥导线绝缘层时，不要损伤铜芯。导线连接要正确、牢靠。

任务2 集成电路焊接操作

学习目标

1. 熟悉集成电路焊接技术。
2. 熟悉自动焊接技术。
3. 能进行集成电路焊接操作。

一、集成电路焊接技术

由于集成电路内部集成度高，焊接温度不能超过 200 ℃。因此，对集成电路进行焊接时，应注意以下几点：

1. 集成电路引线一般是经镀银处理的，不需要用刀刮以去除氧化层，只需用酒精擦洗或用橡皮擦干净即可。

2. 如果引线有短路环，焊接前不要将其拿掉。

3. 电烙铁最好用 20 W 内热式，并要有可靠的接地措施，或者利用余热进行焊接。

4. 焊接时间不易过长，每个焊点最好用 2 s 的时间进行焊接，连续焊接时间不超过 10 s。

5. 使用低熔点焊剂时，电烙铁的温度一般不要超过 150 ℃。

6. 要有防止静电的措施。

7. 集成电路安全焊接顺序：地端→输出端→电源端→输入端。

8. 引脚必须和电路板插孔相对应，且要防止焊点之间短路。焊接完毕，应用棉纱蘸适量酒精擦净焊接处残留的焊剂。

二、自动焊接技术

1．波峰焊

（1）波峰焊的工作原理

波峰焊接机内的机械泵或电磁泵将熔化的焊料压向波峰喷嘴，形成一股平稳的焊料波峰，源源不断地从喷嘴中溢出。同时，装有元器件的印制电路板以图 1–2–18 所示的方向运动并通过焊料波峰，以完成焊接。

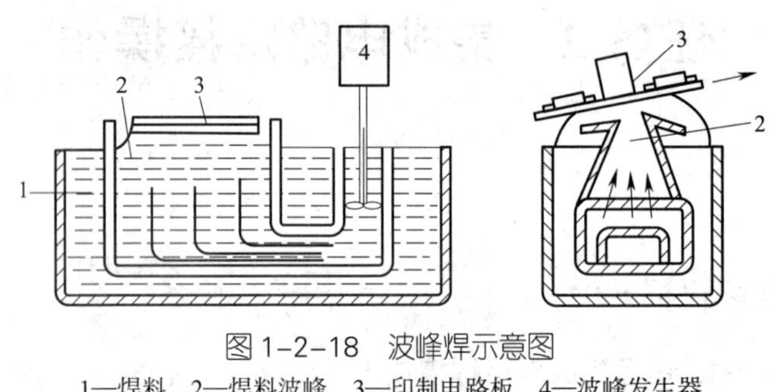

图 1–2–18　波峰焊示意图

1—焊料　2—焊料波峰　3—印制电路板　4—波峰发生器

波峰焊接机通常由波峰发生器、印制电路板夹送系统、焊剂喷涂系统、印制电路板预热和电气控制系统以及锡缸和冷却系统等部分组成。

（2）波峰焊的工艺流程

波峰焊的工艺流程如图 1–2–19 所示，它包括准备、元器件插装、喷涂焊剂、预热、焊接、冷却和清洗等工序。

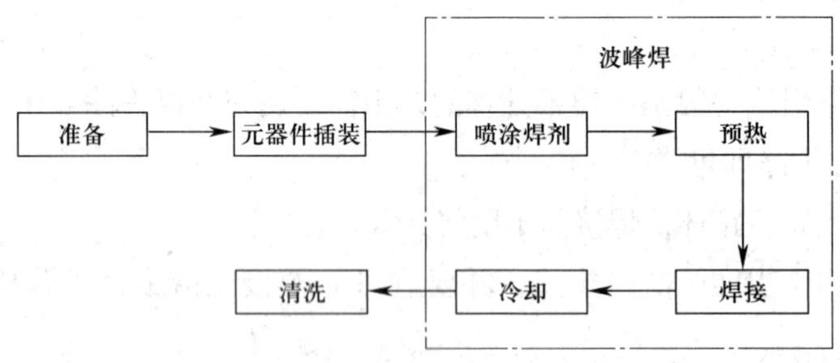

图 1–2–19　波峰焊的工艺流程

1）准备工序。准备工序包括元器件引线搪锡、成形及印制电路板的准备。

2）元器件插装工序。一般采用流水作业插装元器件。插装形式可以分为手工插装、半自动插装和全自动插装。全自动插装是由计算机控制插装机完成元器件的插装。

3）喷涂焊剂工序。喷涂焊剂的目的是使被焊件表面润湿并去除氧化物。最常用的喷涂焊剂的方式是发泡式。泡沫发生器工作时，多孔陶瓷滤芯浸入焊剂，压缩空气通过气压调节器送入多孔陶瓷滤芯，在气压作用下，多孔陶瓷滤芯毛细孔处不断产生焊剂泡沫，并经喷嘴溢出，形成泡沫波峰。印制电路板通过时，被均匀涂上一层焊剂。焊剂泡沫波峰高度通常在 10~20 mm，可通过压缩空气流量进行控制和调整。

4）预热工序。预热是波峰焊工艺中不可缺少的工序，其主要作用如下：

①预先排除印制电路板金属孔内积累的水分和气体。

②避免印制电路板温度的急剧变化，防止板面变形。

③预先使焊剂中的溶剂挥发，避免因焊接时溶剂气化吸收热量，降低焊料温度，从而影响焊接。预热的形式有热辐射式和热风式两种，预热温度一般控制在 100 ℃左右。印制电路板与加热器之间的距离为 50~60 mm。

5）焊接工序。印制电路板经喷涂焊剂、预热后，进入熔化的焊料波峰上。当运动的印制电路板与焊料波峰相接触并做相对运动时，板面受到一定的压力，焊料润湿引线，形成锥形焊点。波峰喷嘴是波峰焊接机中的关键部件，其质量好坏直接影响焊料波峰的平稳度。

6）冷却工序。印制电路板焊接后，板面温度仍然很高，此时焊点处于半凝固状态，稍受振动和冲击即会影响焊点的质量。另外，长时间的高温还会影响元器件的质量。因此，焊接后必须进行冷却处理。一般用风冷却，风量为 13~17 m^3/min。

7）清洗工序。波峰焊完成后，对板面残留的焊剂要及时清洗，可采用气相清洗或超声波清洗。

（3）长脚插件一次焊接工艺

长脚插件一次焊接工艺是印制电路板插装工艺技术之一，简称 PCD 联装工艺。其工艺流程如下：

插入元器件长脚→用薄膜固定元器件→用模板切割引线→波峰焊→去除薄膜。

该工艺要用到模板、吸塑机和切割机等设备。

1）模板。模板为普通冷轧钢板。元器件插装时引线穿过印制电路板和模板，模板的厚度等于切割后留下的引线的长度。

2）吸塑机。吸塑机是用薄膜固定元器件的设备。插入元器件长脚后，用真空吸塑的方法，使薄膜紧贴并裹住元器件，使元器件在后面的工序中不松动。

3）切割机。切割机是用模板切割引线的设备。用薄膜固定元器件后，用模板切割的工艺方法来解决长插元器件多余引线的切断问题，使其引线长度适应波峰焊的要求。工作时，动刀片通过压簧使刀片紧贴模板下平面并做纵向移动，同时又做横向往复运动切下多余的引线。

2. 高频加热焊

高频加热焊是利用高频感应电流，在变压器二次侧回路将被焊的金属进行加热焊接的方法。

高频加热焊装置是由与被焊件形状相似的感应线圈和高频电流发生器组成的。焊接方法：先把感应线圈放在被焊件的焊接部位，然后将垫圈形或圆圈形焊料放入感应线圈内，再给感应线圈通以高频电流，此时被焊件就会受电磁感应而被加热。当焊料达到熔点时会熔化并扩散，待焊料全部熔化后，便可移开感应线圈或被焊件。

3. 脉冲加热焊

脉冲加热焊是以脉冲电流的方式，通过加热器在很短的时间内给焊点施加热量完成焊接的。

焊接方法：在焊接前，利用电镀及其他方法，在被焊接的位置上加上焊料，然后进行极短时间的加热，一般以 1 s 左右为宜，并在焊料加热的同时加压，从而完成焊接。

脉冲加热焊适用于小型集成电路的焊接，如电子手表、照相机等高焊接密度的产品。脉冲加热焊产品的一致性好，不受操作人员熟练程度的影响，而且能准确地控制温度和时间，能在瞬间得到所需要的热量，可提高效率和实现自动化生产。

4. 再流焊

再流焊又称为回流焊，是伴随微型化电子产品的出现而发展起来的一种锡焊技术。这种焊接技术是先将焊料加工成一定粒度的粉末，并加上适当的液态黏合剂，使之成为有一定流动性的糊状焊膏，然后用它将待焊元器件粘在印制电路板上，最后加热使焊膏里的焊料熔化而流动，从而达到将元器件焊到印制电路板上的目的。

除了上述自动焊接技术外，在微电子器件组装中，还有超声波焊、金丝热超声球焊及激光焊等。激光焊能在几毫秒的时间内将焊点加热到熔化而实现焊接，热应力影响很小，是一种很有发展前景的焊接方法。

随着微处理技术的发展，在电子焊接中使用微机控制焊接设备也进入了实用阶段。例如，微机控制电子束焊接已在我国研制成功。此外，还有一种光焊技术，已用于 CMOS 集成电路的全自动生产线，其特点是用光敏导电胶代替焊料，将电路片子粘在印制电路板上，用紫外线固化焊接。

技能训练

1. 训练内容

在印制电路板上对集成电路进行焊接，所用电路为由三端集成稳压器组成的两路输出直流稳压电源电路，如图 1–2–20 所示。

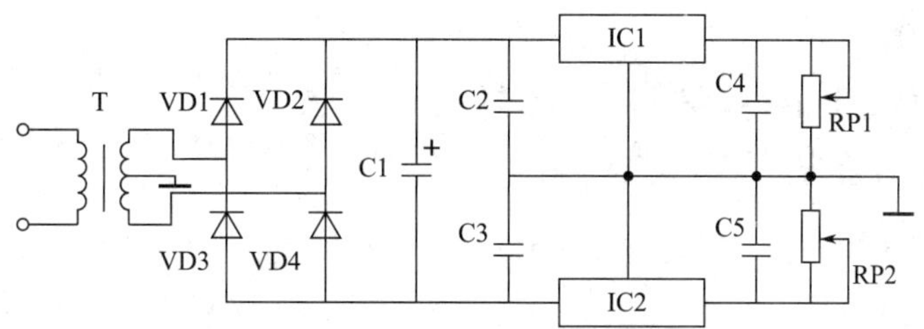

图 1-2-20 由三端集成稳压器组成的两路输出直流稳压电源电路

2. 工具、仪器、仪表及材料（表 1-2-3）

表 1-2-3 工具、仪器、仪表及材料

序号	名称	型号与规格	数量
1	电源变压器 T	220 V/2 × 18 V	1 台
2	整流二极管 VD1 ~ VD4	2CZ57G	4 只
3	电解电容器 C1	2 200 μF/50 V	1 只
4	电容器 C2 ~ C5	0.33 μF/47 V	4 只
5	可调电阻器 RP1、RP2	100 Ω/20 W	2 只
6	集成电路 IC1	CW7815	1 块
7	集成电路 IC2	CW7915	1 块
8	万能板	70 mm × 100 mm × 2 mm（或自定）	1 块
9	通用示波器	自定	1 台
10	万用表	自定	1 块
11	电工工具	—	1 套
12	胶木板	50 mm × 50 mm × 5 mm	1 块

3. 评分标准（表 1-2-4）

表 1-2-4 评分标准

<table>
<tr><th>序号</th><th colspan="2">项目内容</th><th colspan="2">评分标准</th><th>配分</th><th>扣分</th><th>得分</th></tr>
<tr><td>1</td><td colspan="2">焊接前的准备</td><td colspan="2">（1）地线分布不合理扣 5 分
（2）元器件未检查，每件扣 5 分
（3）涂敷焊剂不合理扣 5 分
（4）焊盘和导线布置不合理扣 5 分
（5）板面清洁不干净扣 5 分</td><td>25 分</td><td></td><td></td></tr>
<tr><td rowspan="3">2</td><td rowspan="3">装配</td><td>接线</td><td colspan="2">接线不正确扣 5 分</td><td>5 分</td><td></td><td></td></tr>
<tr><td>排列</td><td colspan="2">元器件排列不整齐扣 5 分</td><td>5 分</td><td></td><td></td></tr>
<tr><td>焊点</td><td colspan="2">焊点毛糙，每处扣 5 分；虚焊、漏焊，每处扣 5 分，扣完为止</td><td>45 分</td><td></td><td></td></tr>
<tr><td>3</td><td colspan="2">参数测量</td><td colspan="2">参数测量不正确，每处扣 5 分</td><td>10 分</td><td></td><td></td></tr>
<tr><td>4</td><td colspan="2">安全文明生产</td><td colspan="2">违反安全文明生产扣 5~10 分</td><td>10 分</td><td></td><td></td></tr>
<tr><td colspan="3" rowspan="2">时间：3 h</td><td>备　注</td><td>合　计</td><td>100 分</td><td></td><td></td></tr>
<tr><td></td><td>教师签字</td><td colspan="3"></td></tr>
</table>

4. 训练步骤

（1）按照电路图和材料表，检查元器件是否齐全。

（2）用万用表检查元器件是否完好。

（3）清洁印制电路板。

（4）插接元器件。

（5）按分立元器件和集成电路的焊接工艺，进行焊接操作。

（6）检查焊接质量。

（7）接通电源，进行调试。调节 RP1 和 RP2 的大小，用示波器测量输出电压的波形及其大小。

任务 3　手工贴片焊接操作

学习目标

1. 掌握热风枪和恒温式电烙铁等工具的使用方法。
2. 掌握吸锡线的使用方法。
3. 掌握贴片元件的拆焊方法。
4. 掌握贴片元件的焊接方法。
5. 能熟练使用电子焊接工具进行贴片元件的焊接操作。

在手机、数码相机、笔记本电脑、液晶电视等电子产品中，由于小型化的需求，各种无引脚或不需穿孔焊接的元件的使用越来越广泛，这类元件都贴装在 PCB 表面，简称贴片元件，如图 1-2-21 所示。要维修这些电子产品，就必须掌握贴片元件的手工拆除与焊接方法。

一、热风枪和恒温式电烙铁

1. 热风枪

热风枪是一种用于贴片元件和贴片集成电路焊接、拆焊的工具，主要由气泵、线性电路板、气流稳定器、外壳和手柄组件等组成。性能较好的 850 热风枪采用 850 原

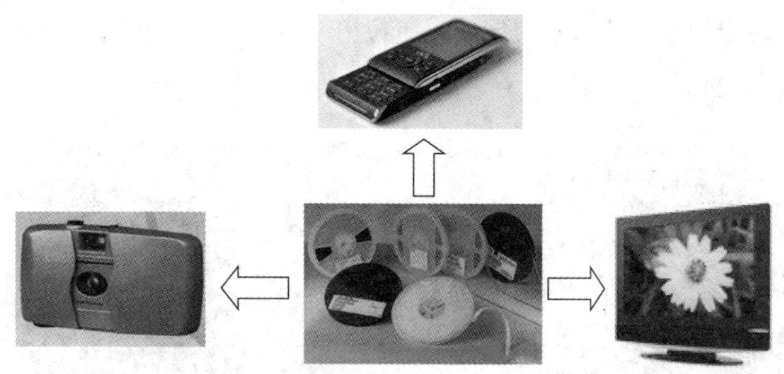

图 1-2-21　电子产品与贴片元件

装气泵，具有噪声小、气流稳定等特点，而且风流量较大；线性电路板使调节符合标准温度（气流调整曲线），从而获得均匀、稳定的热量和风量；手柄组件采用消除静电材料制造，可以有效地防止静电干扰。

图 1-2-22 所示为热风枪控制面板，图 1-2-23 所示为热风枪风口配件。

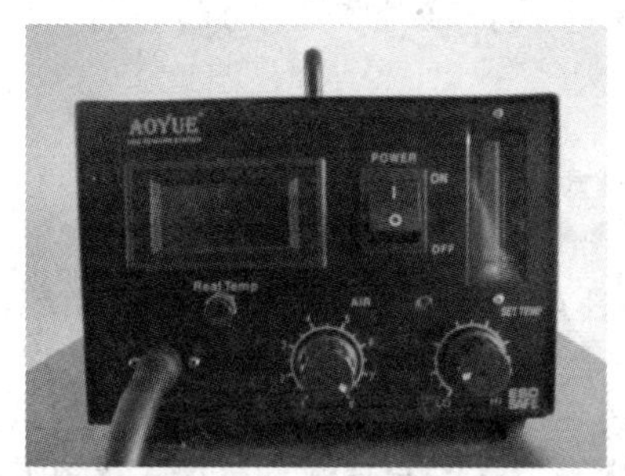

图 1-2-22　热风枪控制面板

图 1-2-23　热风枪风口配件

2. 936 恒温式电烙铁

与 850 热风枪配套的是 936 恒温式电烙铁，如图 1-2-24 所示。936 恒温式电烙铁有防静电的（一般为黑色），也有不防静电的（一般为白色），最好选用防静电可调温度电烙铁。在功能上，936 恒温式电烙铁主要用于焊接，其使用方法十分简单，只需用烙铁头对准所焊元件，即可进行焊接，焊接时最好使用助焊剂，这样有利于焊接良好且不造成短路。

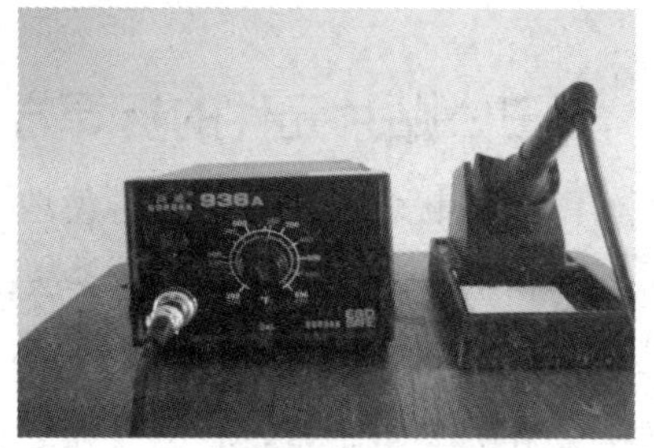

图 1-2-24　936 恒温式电烙铁

二、吸锡线的使用方法

使用电烙铁焊接贴片元件时（特别是密脚的 IC），难免出现相邻焊点相连短路的情况，如图 1-2-25 所示，处理这一问题必须使用一种由多股铜丝编织而成的吸锡线，其使用方法如下：

1. 剪下一段吸锡线，或者从吸锡线卷里拉出一段吸锡线。在这段吸锡线上涂少许助焊剂，将其放到要清除焊锡的位置，如图 1–2–26 所示。

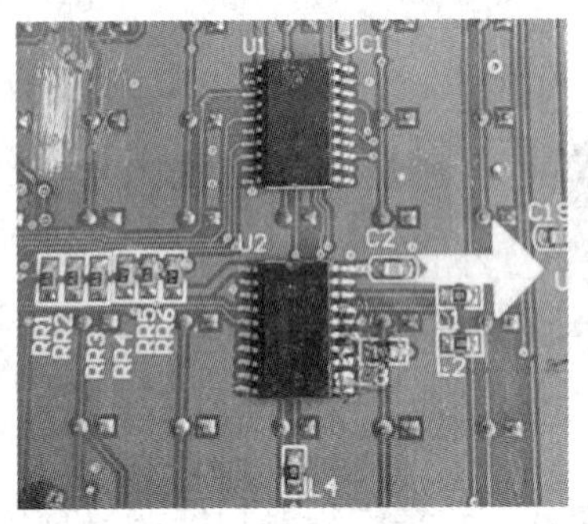

图 1–2–25　有焊点短路的贴片元件

图 1–2–26　将吸锡线放到要清除焊锡的位置

2. 用电烙铁加热吸锡线一端（图 1–2–27），吸锡线的另一端也会加热焊锡并将它吸入吸锡线。焊锡吸入吸锡线后，移开吸锡线和电烙铁。

3. 吸锡线吸走短路的焊锡时，也会吸走焊点的焊锡，移开吸锡线后，要对焊点进行补锡，如图 1–2–28 所示。

图 1–2–27　用电烙铁加热吸锡线一端

图 1–2–28　需补锡的焊点

三、贴片元件的拆焊方法

维修电路板时，不可避免地要从电路板上拆焊元件，拆焊元件主要有通过电烙铁拆焊和通过热风枪拆焊两种方法，下面以集成电路的拆焊为例来说明其操作方法。

1. 通过电烙铁拆焊

方法 1（细线法）：

（1）剥下一段细的 ϕ0.25 mm ~ ϕ0.32 mm 的导线（裸露导线）。

（2）用吸锡线尽可能多地去除元件上的焊锡。

（3）将导线穿入某一边的引脚内，定位到附近的过孔或焊盘，如图 1–2–29 所示。

（4）沿着每个焊盘加热，然后慢慢将导线拉出，剩余的焊锡会被熔化。导线在焊盘上滑动，并沿焊盘微量弯曲，避免了它和焊锡再次接触。已拉出导线的位置不要再焊，如图 1–2–30 所示。

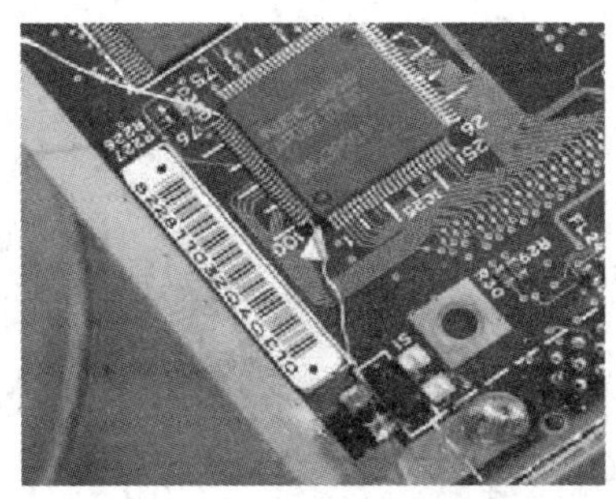
图 1-2-29　将导线穿入引脚内

图 1-2-30　边加热边拉导线

（5）对其余边的引脚重复上述操作，然后移除元件。

该方法能很好地保护被拆的贴片元件，但移动贴片元件时可能会将铜箔剥离 PCB，因此，移走贴片元件之后要检查 PCB。

方法 2（焊锡堆法）：

拆焊已损坏的双排贴片元件时，可以用焊锡堆法。首先在贴片元件的两边绕上许多焊锡（带助焊膏芯），然后加热其中的一边，直到焊锡完全熔化，此时可用镊子撬起这一边。再加热另一边，待焊锡熔化后，贴片元件几乎会自动脱落。

2．通过热风枪拆焊

热风枪非常适用于拆焊贴片元件。而如果要在密度较大的板子上拆除一个贴片元件，只用热风枪就比较困难，需要加阻热板，例如，可以使用黄铜条，或者类似橡皮泥一类的物品，但要注意它的残留物。也可以使用铝箔，但要注意不要将其熔化。具体拆焊方法如下：

（1）将热风枪设置在较低的温度，在贴片元件周围转动以预热该区域。

（2）稍增加热风枪的温度（风速不要太大），然后移近贴片元件。

（3）在贴片元件底部插入镊子或类似的物品。

（4）慢慢绕着贴片元件移动热风枪，直到焊锡软化，然后增加移动速度，这样有助于保证全部焊锡熔化，如图 1-2-31 所示。

（5）利用镊子等工具移走贴片元件，如图 1-2-32 所示。

图 1-2-31　近距离环绕加热贴片元件

图 1-2-32　移走贴片元件

提示

拆焊时电路板要处理的一面向上放平，另一面与桌面最好有一定的距离，以利于底面的散热，通常可采用专用的电路板支架。热风枪的热气流一般情况下要垂直于电路板。如果要处理的贴片元件旁边或另一面有耐热性较差的元件，对于焊接在板上的，如振铃器、连接器、SIM卡座、涤纶电容和备用电池等，可以用薄金属片或纸条挡住热气流，还可以使热气流适度倾斜；对于可以直接取下的，如键盘膜片等，要直接取下。热风枪嘴与电路板的距离一般在1~2 cm。

四、贴片元件的焊接方法

这里以引脚较多的集成电路芯片为例，说明贴片元件的焊接方法。

1. 将脱脂棉团成若干小团，大小比芯片的体积略小。如果比芯片大，会妨碍焊接。

2. 用注射器抽取一管酒精，将脱脂棉用酒精浸泡，待用。若电路板不干净，先用洗板水洗净。

3. 将防静电腕带戴到拿镊子的那只手的手腕上，另一端接地。用镊子将芯片放到电路板上（不要用手直接拿芯片），目视将芯片的引脚和焊盘精确对准，目视难分辨时还可以用放大镜观察有没有对准。

4. 给烙铁头上少量焊锡并定位芯片（不用考虑引脚粘连问题），定位两个点即可（注意，不是相邻的两根引脚）。

5. 将适量的松香涂于引脚上，并将一个酒精棉球放于芯片上，使酒精棉球与芯片的表面充分接触，以利于芯片散热。

6. 擦干净烙铁头并蘸一下松香，使之容易上锡。给烙铁头上锡，使焊锡丝熔化并粘在烙铁头上，直到熔化的焊锡呈球状将要掉下来为止。

7. 将电路板倾斜放置，倾斜角度大于70°、小于90°，倾斜角度太小不利于焊锡球滚下。在芯片引脚未固定的一侧，用电烙铁拉动焊锡球沿芯片的引脚从上到下慢慢滚下，同时用镊子轻轻按压酒精棉球，让芯片内部散热；焊锡球滚到底时将电烙铁提起，避免焊锡球粘到周围的焊盘上。至此，芯片的一边已经焊完，按照此方法再焊接其他边的引脚。

8. 用酒精棉球将电路板上有松香的地方擦干净，可以用硬毛刷蘸上酒精将芯片引脚之间的松香刷干，也可以用吹气球加速酒精蒸发。

9. 将电路板放到放大镜下观察有没有虚焊和粘焊，也可以用镊子拨动引脚看有无松动。

技能训练

1. 训练内容

贴片元件的焊接。

2. 工具、仪器、仪表及材料（表 1-2-5）

表 1-2-5 工具、仪器、仪表及材料

序号	名称	型号与规格	数量
1	贴片电阻	0805 封装	10 只
2	贴片电容	0805 封装	10 只
3	贴片二极管	—	2 只
4	贴片电感	—	2 只
5	热风枪	—	1 把
6	恒温式电烙铁	—	1 把
7	开关	单刀单掷	1 只
8	实验板	—	1 块
9	通用示波器	—	1 台
10	万用表	—	1 块
11	电工工具	—	1 套
12	胶木板	50 mm × 50 mm × 5 mm	1 块

3. 评分标准（表 1-2-6）

表 1-2-6 评分标准

<table>
<tr><th>序号</th><th colspan="2">项目内容</th><th colspan="2">评分标准</th><th>配分</th><th>扣分</th><th>得分</th></tr>
<tr><td>1</td><td colspan="2">热风枪的使用</td><td colspan="2">热风枪使用不正确，每次扣 5 分</td><td>10 分</td><td></td><td></td></tr>
<tr><td>2</td><td colspan="2">恒温式电烙铁的使用</td><td colspan="2">恒温式电烙铁使用不正确，每次扣 5 分</td><td>10 分</td><td></td><td></td></tr>
<tr><td rowspan="3">3</td><td rowspan="3">焊接</td><td>布局</td><td colspan="2">布局不合理扣 5~10 分</td><td>15 分</td><td></td><td></td></tr>
<tr><td>排列</td><td colspan="2">贴片元件排列不整齐扣 3~5 分</td><td>15 分</td><td></td><td></td></tr>
<tr><td>焊点</td><td colspan="2">焊点毛糙扣 5~10 分；虚焊、漏焊，每处扣 10~15 分，扣完为止</td><td>40 分</td><td></td><td></td></tr>
<tr><td>4</td><td colspan="2">安全文明生产</td><td colspan="2">违反安全文明生产扣 5~10 分</td><td>10 分</td><td></td><td></td></tr>
<tr><td colspan="3" rowspan="2">时间：2 h</td><td>备 注</td><td>合 计</td><td>100 分</td><td></td><td></td></tr>
<tr><td></td><td>教师签字</td><td colspan="3"></td></tr>
</table>

4. 训练步骤

（1）热风枪使用练习

1）将热风枪电源插头插入电源插座，打开热风枪电源开关。

2）在热风枪喷头前 10 cm 处放置一张纸条，调节热风枪风速，观察热风枪风速在1~8 挡变化时的风力情况。

3）操作完毕，关闭热风枪电源开关，此时热风枪将向外继续喷气，待喷气结束后再将热风枪的电源插头拔下。

（2）恒温式电烙铁使用练习

1）将恒温式电烙铁的电源插头插入电源插座，打开恒温式电烙铁的电源开关。

2）等待几分钟，将恒温式电烙铁的温度开关分别置于 200°、250°、300°、350°、400°和 450°，用烙铁头触及松香和焊锡，观察恒温式电烙铁的温度情况。

3）关闭恒温式电烙铁的电源开关，并拔下电源插头。

（3）使用恒温式电烙铁焊接贴片元件

1）在电路板的焊盘上熔上少量焊锡（只需非常少的量）。

2）用镊子将贴片元件定位到合适的位置，如图 1–2–33 所示。

3）同时用电烙铁加热焊盘，使焊锡熔化，用镊子小心地夹紧贴片元件并向下推，将贴片元件推到焊盘上后，移开电烙铁。电烙铁在贴片元件上停留的时间应控制在 2 s以内。

4）焊接贴片元件引脚，如图 1–2–34 所示。

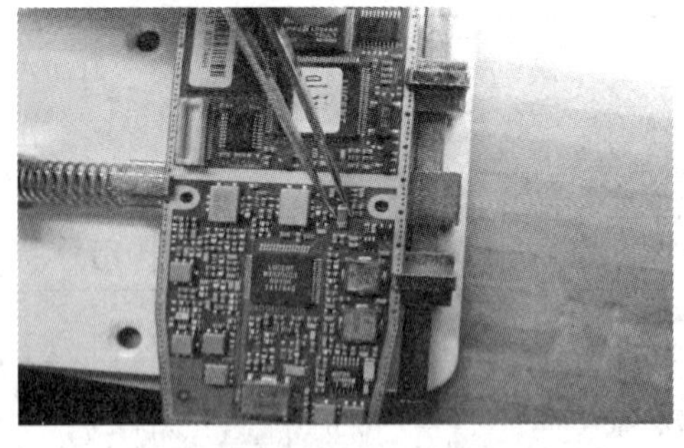

图 1–2–33　定位贴片元件

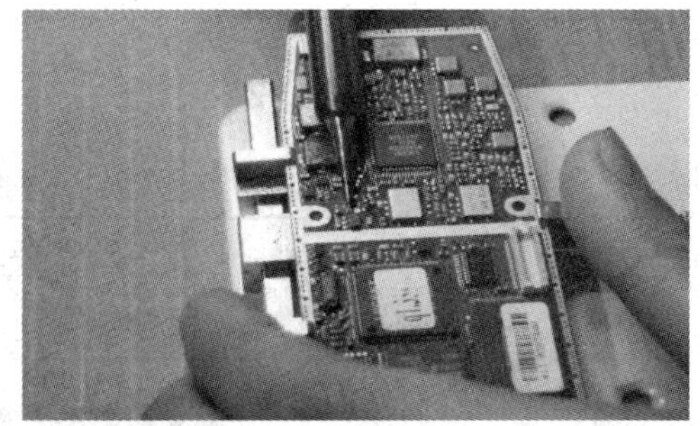

图 1–2–34　焊接贴片元件引脚

5）检查焊接结果，若焊锡太多，应用吸锡线清除一些，太少则加一点焊锡。图 1–2–35 所示为手工焊接的效果。

a)

b)

c)

图 1-2-35 手工焊接的效果
a）焊锡太少 b）焊锡适中 c）焊锡太多

课题三 印制电路制作工艺

任务 1 印制电路板的制作

学习目标

1. 熟悉印制电路板设计前的准备、排版设计和制作工艺。
2. 掌握空心铆钉板的制作方法。
3. 能制作印制电路板。

在覆铜绝缘基材板上，按预定设计，用印制方法制作的电路，称为印制电路。完成了印制电路加工的板子通称为印制电路板，又称为印制板。目前，印制电路板正朝着高密度、高可靠性、高精度的方向发展。

一、印制电路板设计前的准备

1. 板材的准备

印制电路板一般采用覆铜板制作。覆铜板是把一定厚度的铜箔通过黏结剂热压在一定厚度的绝缘基板上而制成的，它分为以下几种类型：

（1）根据材料分类

1）覆铜箔酚醛纸层压板。它用于一般电子设备中，价格低廉、易吸水，不宜在恶劣的环境中使用。

2）覆铜箔酚醛玻璃布层压板。它用于温度、频率较高的电子线路及电气设备中，价格适中，可达到满意的电气性能和力学性能要求。

3）覆铜箔环氧玻璃布层压板。它是孔金属化印制电路板常用的材料，具有较好的冲剪、钻孔性能，且基板透明度好，是电气性能和力学性能较好的材料，但价格较高。

4）覆铜箔聚四氟乙烯层压板。它具有良好的抗热性能和电气性能，常用于耐高压的电子设备中。

（2）根据导电图形的层数分类

1）单面板。单面板一般由一面敷铜的绝缘板组成，其结构如图 1–3–1a 所示，一般包括焊接面和元件面（丝印层）两大部分。

2）双面板。双面板是由两面敷铜的绝缘板组成的，其结构如图 1–3–1b 所示，它包括底层（焊接面）和顶层（元件面）。因为双面板可以两面走线，所以布线相对容易，其价格适中，应用较为广泛。

3）多层板。多层板是由数层绝缘板和数层导电铜膜压合而成的，除了顶层和底层之外，还包括中间层、内部电源层和接地层等。在多层板中，导电层的数目一般为 4、6、8、10 等。多层板的布线容易，但制作工艺复杂，产品合格率相对较低，生产成本高，主要用于复杂的高密度布线场合。典型的 4 层印制电路板的结构如图 1–3–1c 所示。

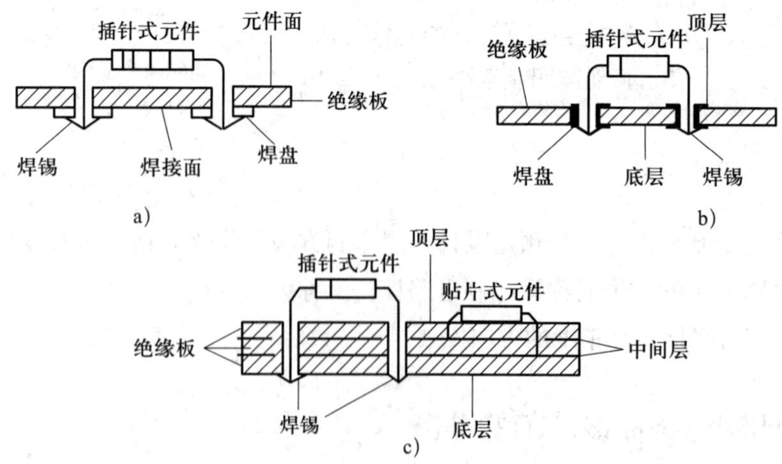

图 1–3–1 各种印制电路板的结构

a）单面板结构 b）双面板结构 c）典型的 4 层印制电路板的结构

选定了印制电路板的板材，其后是印制电路板形状、尺寸和厚度的确定。

2．印制电路板对外连接方法的选择

（1）引线连接

引线连接不需要任何接插件，只要用导线将电路板上的对外连接点与板外的元件或其他部件直接焊牢即可。这种方式一般适用于元件或部件对外引线较少的情况。

焊接引线时应注意焊点尽可能引在板的边缘，并按一定尺寸排列。引线应通过印制电路板上的穿线孔，再从元件面穿过，然后焊在焊盘上，多根引线应捆扎。

（2）插件连接

在比较复杂的仪器设备中，印制电路板对外常采用插件连接方式。这种“积木式”的结构不仅保证了产品批量生产的质量，降低了系统的成本，还为调试、维修提供了方便。

常用的插接方式有印制电路板插座连接和标准插针连接两种。

二、印制电路板的排版设计

1．印制电路板中的干扰及抑制

（1）地线共阻抗干扰的抑制

应尽量避免不同回路电流同时流经某一段共用地线，且尽量扩大地线的面积。

（2）电源干扰的抑制

电源线与信号线不要靠太近，并避免平行。电源线不要走平行大环形线。

（3）磁场干扰及热干扰的抑制

对于磁场干扰，可以采用屏蔽的方法把干扰源屏蔽起来。对于热干扰，可以把热敏元件和温敏元件隔离起来，或安装散热片。

2．元器件的安装与布局

（1）安装方式

元器件在印制电路板上的固定方式分为卧式和立式两种。

（2）元器件排列方式

元器件排列方式有不规则排列和规则排列两种。前者元器件轴线方向彼此不一致，在板上的排列顺序也无一定规则，但布线方便，印制导线短，对抑制干扰有利。后者元器件轴线方向一致，并与板四边平行，但布线复杂，一般用于低频电路中。

（3）元器件布设原则

元器件在整个板面的疏密应一致，布设均匀，不要占满板面，四周留空便于安装和固定。元器件的每根引脚单独占用一个焊盘。相邻元器件要保持一定的距离，并留有安全间隙（间隙电压为 200 V/mm）。安装高度尽量矮一些，以提高元器件的稳定性和防止相邻元器件碰撞。

3. 焊盘及印制导线的选取

（1）焊盘

对于双列直插式集成电路，焊盘的尺寸为 ϕ1.5 mm~ϕ1.6 mm，一般焊盘的尺寸不小于 ϕ1.3 mm。焊盘的形状有圆形、正方形、椭圆形、矩形、岛形等，一般常用圆形。插针式元件和贴片式元件的焊盘类型如图 1–3–2 所示。

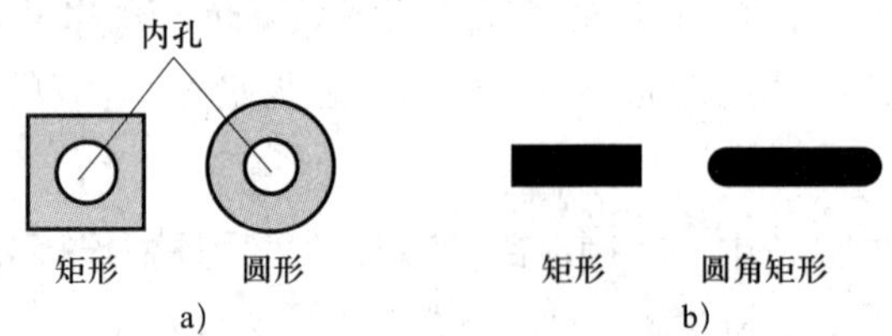

图 1–3–2　插针式元件和贴片式元件的焊盘类型

a）插针式元件的焊盘类型　b）贴片式元件的焊盘类型

（2）印制导线

印制导线应尽可能避免出现尖角或锐角转折，其宽度一般为 0.3~0.5 mm。对于电源线和接地线，其宽度一般为 1.5~2 mm。

4. 草图的绘制

（1）分析电路图

1）理解电路图的工作原理，找出可能引起干扰的干扰源，并制订和采取抑制干扰的措施。

2）熟悉电路图中的元器件，掌握元器件的外形尺寸、封装形式、引线方式、引脚排列顺序和各引脚功能等。

3）确定印制电路板参数。根据元器件尺寸、元器件在板上的安装方式和排列方式以及印制电路板在整机内的安装位置，确定其大小及厚度等参数。

4）确定印制电路板对外连接方式。

（2）草图的绘制步骤（图 1–3–3）

1）按草图尺寸取方格纸或坐标纸。在纸上画出板面轮廓尺寸，留出板面各工艺孔空间，而且还要留出图纸技术要求说明空间。

2）用铅笔画出元器件外形轮廓，小型元器件可不画轮廓，但要做到心中有数。

3）标出焊盘位置，勾勒出印制导线。

4）复核无误后，擦掉外形轮廓，用绘图笔重描焊点及印制导线。

5）标明焊盘尺寸、线宽，注明印制电路板的技术要求。

5. 照相底图的绘制

照相底图可以人工绘制，也可用计算机绘制，目前较流行的绘制软件有 Protel 和 OrCAD 等。

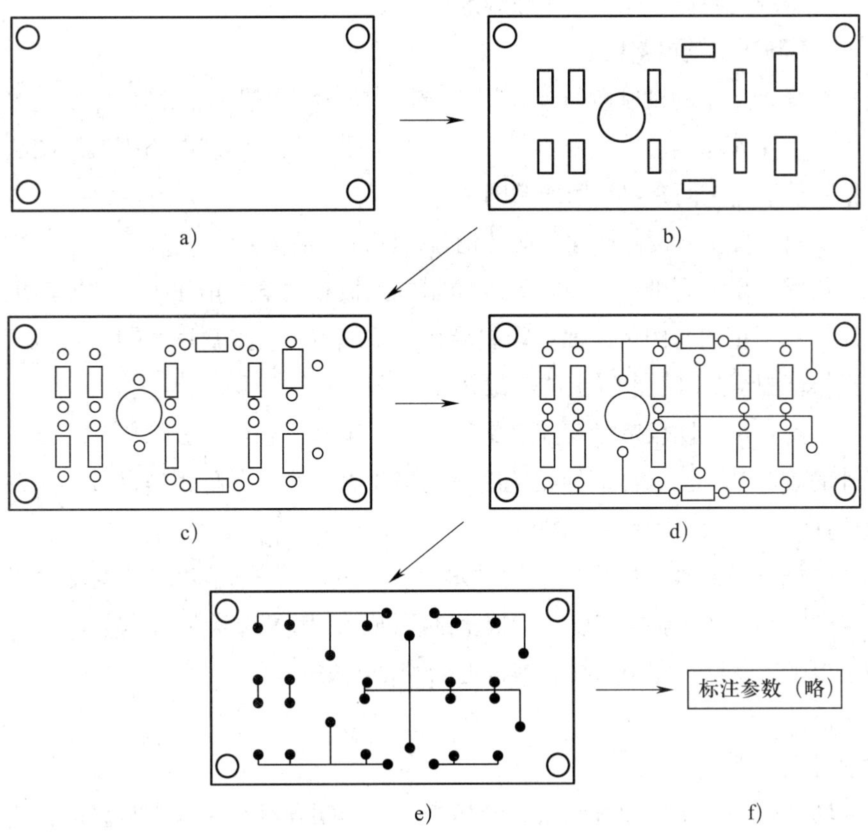

图 1-3-3　草图的绘制步骤

a）画出板面轮廓及孔　b）布置元器件并画外形轮廓　c）标出焊盘位置
d）勾画出印制导线　e）整理印制导线　f）标注参数

三、印制电路板的制作工艺

1．制作过程中的基本环节

印制电路板的制作工艺随其类型和要求的不同而不同，但一般具有以下七个基本环节：绘制照相底图→照相制版→图形转移→蚀刻→金属化孔→金属涂敷→涂敷焊剂与阻焊剂。

2．印制电路板的生产流程

（1）单面板的生产流程

覆铜板下料→表面去油处理→上胶→曝光→显影→固膜→修版→蚀刻→去保护膜→钻孔→成形→表面涂敷焊剂→检验。

（2）双面板的生产流程

下料→钻孔→化学沉铜→电镀铜加厚（不到预定的厚度）→贴干膜→图形转移（曝光 / 显影）→二次电镀加厚→镀铅锡合金→去保护膜→腐蚀→镀金（插头部分）→

成形热烙→印制文字符号→表面涂敷焊剂→检验。

3. 手工制作印制电路板

在样机尚未定型的试制阶段或在课程设计中，经常需要手工制作印制电路板，因此，掌握手工制作印制电路板的方法很有必要。手工制作印制电路板有漆图法、贴图法、铜箔粘贴法。下面介绍常用的贴图法。

（1）下料：按实际设计尺寸裁剪覆铜板，四周去毛刺。

（2）拓图：用复写纸将已设计好的印制电路板布线草图拓在干净的覆铜板的铜箔面上。注意草图拓图时的正反面，印制导线用单线表示，焊盘用小圆点表示。拓双面板时，板与草图至少有三个以上的定位孔。

（3）贴图：用透明胶带纸覆盖在铜箔面上，用刻刀和尺子去除拓图后留在铜箔面图形以外的胶带纸。注意留下导线宽度以及焊盘大小尺寸，防止焊盘过小而在钻孔时使焊盘位置消失，同时压紧留下的胶带纸。

（4）腐蚀：腐蚀液一般用三氯化铁水溶液，浓度为30%~40%，温度适当，并用排笔轻轻刷扫，以加快腐蚀速度。待板全部腐蚀后，用清水清洗。

（5）揭膜：将留在印制导线和焊盘上的胶带纸揭去。

（6）清洁。

（7）打孔。

（8）涂敷焊剂：用已配好的松香酒精溶液对印制导线和焊盘涂敷焊剂，使板面得到保护，并提高可焊性。

4. 印制电路板工艺简介

（1）电子工程 CAD

目前，业界已广泛使用 CAD/ 激光光绘系统制作印制电路板，即在计算机上利用商品化的电子 CAD/CAM 软件来辅助设计、辅助生产印制电路板。印制电路板工艺实现了从原始的手工贴图到计算机绘图，从计算机自动布线到带有智能性的模拟仿真自动布线。

（2）喷绘系统

喷绘系统是指电子工程 CAD 驱动一个喷绘装置（该装置上有一个非常精密的压电喷头）向已预涂了感光抗蚀材料的覆铜板上喷绘所需要的印制图形，它的分辨率高，所喷绘的图形质量好、精度高，图形边缘陡直、挺括。

四、空心铆钉板的制作方法

简单电路可以采用空心铆钉板制法，如图 1–3–4 所示。先将空心铆钉铆牢在层压布板（胶木板）上，可将它们作为元器件引脚的焊接处。然后按照电路图在相关的铆钉之间焊上连接导线即可。

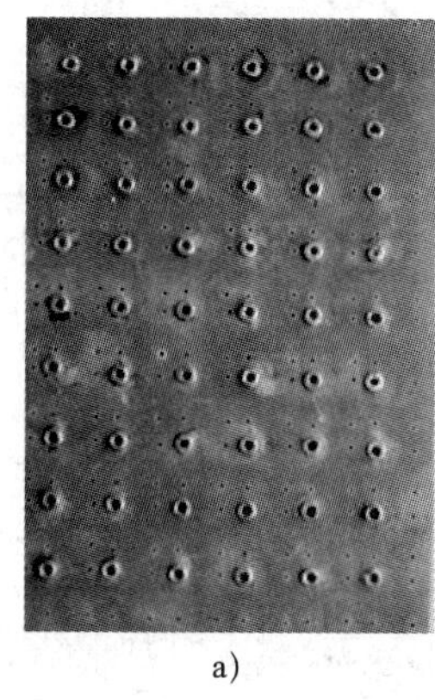

a)

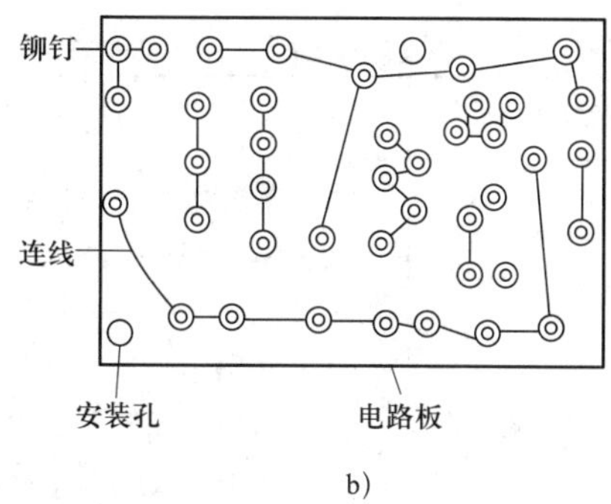

b)

图 1-3-4 空心铆钉板制法

a）未连线的空心铆钉板 b）连线后的空心铆钉板

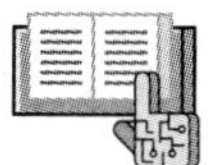

技能训练

1. 训练内容

制作如图 1-2-20 所示电路的印制电路板。

2. 工具、仪器、仪表及材料（表 1-3-1）

表 1-3-1 工具、仪器、仪表及材料

序号	名称	型号与规格	数量
1	覆铜板（单面）	50 mm × 50 mm × 5 mm	1 块
2	沉铜工艺材料：整孔液、黑孔液、微蚀液	—	若干
3	镀铜工艺材料：镀铜液	—	1 瓶
4	褪锡工艺材料：褪锡液	—	2 瓶
5	油墨及涂覆工艺材料：阻焊油墨（绿油）、线路油墨（蓝油）、字符油墨（白油）、丝网框、橡胶刮刀	—	—
6	图纸：热转印纸、菲林膜	—	1 张
7	台钻	自定	1 台
8	各类钻头	—	若干
9	雕刻刀	—	1 把
10	钢直尺	150 mm	1 把
11	文具（铅笔、橡皮、小刀）	—	1 套
12	电工工具	—	1 套
13	万用表	自定	1 块
14	兆欧表	自定	1 块

3. 评分标准（表 1-3-2）

表 1-3-2　评分标准

<table>
<tr><th>序号</th><th colspan="2">项目内容</th><th colspan="2">评分标准</th><th>配分</th><th>扣分</th><th>得分</th></tr>
<tr><td>1</td><td colspan="2">印制电路板制作</td><td colspan="2">（1）草图布局不合理扣 10 分
（2）不按照设计尺寸下料扣 10 分，有毛刺扣 5 分
（3）拓图工艺不符合要求，每处扣 5 分
（4）贴图工艺不符合要求，每处扣 5 分
（5）腐蚀工艺不符合要求，每处扣 5 分
（6）清洁不干净扣 5 分
（7）打孔不符合要求，每处扣 5 分
（8）涂敷焊剂不合理，每处扣 5 分
注：扣完为止</td><td>55 分</td><td></td><td></td></tr>
<tr><td rowspan="3">2</td><td rowspan="3">检验印制电路板</td><td>目测</td><td colspan="2">（1）外形尺寸不符合要求，每处扣 2 分
（2）电路图形不完整、不清晰，有短路、断路及毛刺，每处扣 2 分
（3）字符标记不清晰、有遗漏、有划伤和断线，每处扣 2 分
（4）表面有划痕、凹痕、针孔，或表面粗糙，每处扣 2 分
（5）焊层有明显翘曲扣 5 分
（6）阻焊剂不牢固、焊剂不均匀扣 5 分</td><td>20 分</td><td></td><td></td></tr>
<tr><td>连通性检验</td><td colspan="2">连通性不符合要求，每处扣 2 分</td><td>10 分</td><td></td><td></td></tr>
<tr><td>绝缘性能检验</td><td colspan="2">绝缘性能下降扣 5 分</td><td>5 分</td><td></td><td></td></tr>
<tr><td>3</td><td colspan="2">安全文明生产</td><td colspan="2">违反安全文明生产扣 5~10 分</td><td>10 分</td><td></td><td></td></tr>
<tr><td colspan="3" rowspan="2">工时：3 h</td><td>备　注</td><td>合　计</td><td>100 分</td><td></td><td></td></tr>
<tr><td></td><td>教师签字</td><td colspan="3"></td></tr>
</table>

4. 训练步骤

（1）按照电路图画出印制电路板草图。

（2）绘制照相底图。

（3）按实际设计尺寸下料，并清理毛刺。

（4）根据印制电路板的手工操作工艺制作印制电路板。

1）电路板去油处理。

2）上胶处理。

3）贴图。

4）固模、修版。

5）蚀刻。

6）揭膜后清洁。

7）打孔。

8）涂敷焊剂。

（5）检验印制电路板。

1）目视检验。

2）连通性检验：用万用表对印制电路板的连通性能进行检测。

3）绝缘性能检验：用兆欧表检测不同导线之间的绝缘电阻。

注意，在操作过程中一定要注意对腐蚀性液体的保存和使用，做好安全防护。

任务 2　电子元器件的安装

学习目标

1. 熟悉万用电路板的种类及选用。
2. 熟悉电子元器件的安装要求和安装方式。
3. 熟悉电子元器件引脚的成形方法。
4. 能在万用电路板上插装元器件。

一、万用电路板的种类及选用

万用电路板是一种按照标准 IC 间距（2.54 mm）布满焊盘、可按自己的意愿插装元器件及连线的印制电路板，俗称“万能板”。万用电路板具有成本低廉、使用方便和扩展灵活等优点。

1．万用电路板的种类

常用的万用电路板主要有单孔板（图 1–3–5）和连孔板（图 1–3–6）两种。单孔板又分为单面板和双面板两种。

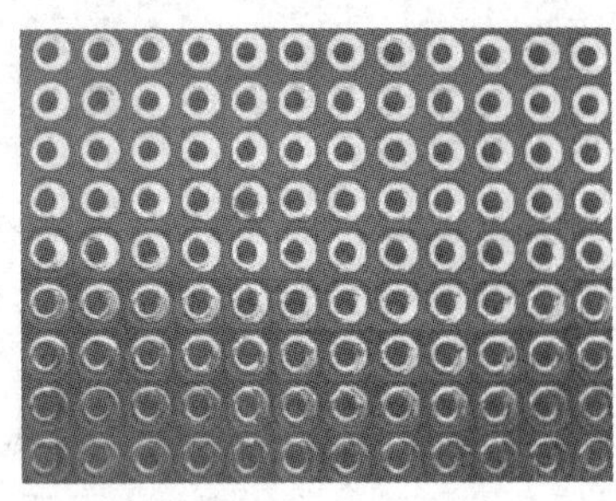
图 1-3-5　单孔板

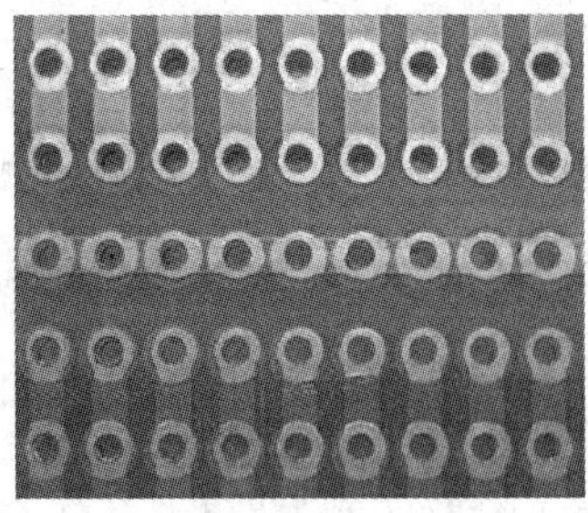
图 1-3-6　连孔板

根据材质不同，万用电路板又分为铜板和锡板两种。铜板焊盘是裸露的铜，呈金黄色；锡板焊盘表面镀了一层锡，呈银白色。

2. 万用电路板的选用

（1）按线路选用

单孔板较适合数字电路和集成电路，连孔板则更适合模拟电路和分立元件电路。因为数字电路和集成电路以芯片为主，电路较规则，而模拟电路和分立元件电路往往较不规则，分立元件的引脚常需要连接多根导线，这时如果有多个焊盘连在一起就要方便一些。

（2）按材质选用

铜板容易氧化（焊盘失去光泽，不好上锡），不使用时应用纸包好保存，以防止焊盘氧化。一旦焊盘氧化，可以用棉棒蘸酒精清洗或用橡皮擦拭。锡板的基板材质要比铜板坚硬，不易变形。

二、电子元器件的安装要求和安装方式

电子元器件的安装和接线是电子产品制作工艺中极其重要的步骤，正确安装、合理布局和接线，对电子产品的质量有着直接的影响。

1. 电子元器件的安装要求

（1）元器件在电路板上的分布应尽量均匀，疏密一致，排列整齐、美观，不允许斜排、立体交叉和重叠排列。

（2）安装顺序一般为先低后高，先轻后重，先一般元器件后特殊元器件。

（3）有极性的元器件，安装时极性不能插错。

（4）元器件外壳或引线不得相碰，要保证 0.5~1 mm 的安全间隙；无法避免接触时，应套绝缘套管。

（5）安装较大的元器件时，应采取粘固措施。

（6）安装发热元器件时，发热元器件要与印制电路板保持一定的距离，不允许贴板安装，以避免电路板变形。

（7）热敏元件要远离发热元件，要减少变压器等电感器件对邻近元器件的干扰。

2. 电子元器件的安装方式

电子元器件在电路板上的安装方式主要有立式和卧式两种。立式安装如图 1-3-7a 所示，元器件直立于电路板上，应注意将元器件的标志朝向便于观察的方向，以便校核电路和日后维修。元器件立式安装时占用电路板的面积较小，有利于缩小整机电路板面积。卧式安装如图 1-3-7b 所示，元器件横卧于电路板上，同样应注意将元器件的标志朝向便于观察的方向。元器件卧式安装时可以降低电路板上的安装高度，在电路板上部空间距离较小时很适用。

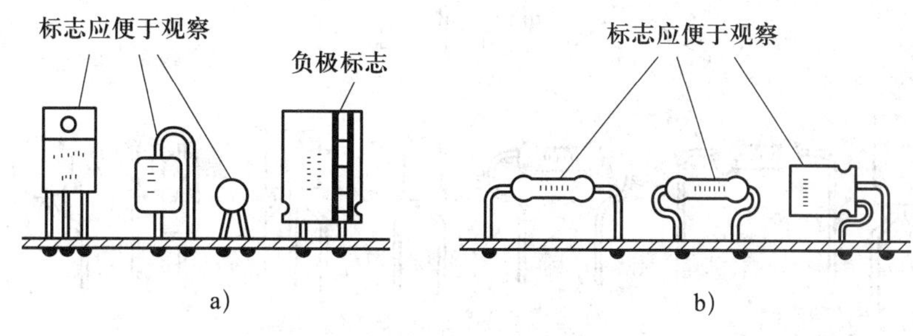

图 1-3-7　电子元器件的安装方式

a）立式安装　b）卧式安装

对于电阻，一般电路板都设计成卧式安装。当电路板面积狭小时，若采用卧式安装，元器件将拥挤不堪或根本容纳不下所有元器件，个别或部分电阻可采用立式安装。

一般采用立式安装的电容大都为瓷片电容、涤纶电容或容量较小的电解电容。对于体积较大的电解电容或径向引脚的电容（如钽电容），一般采用卧式安装。

三极管的安装分为直排式和跨排式。三极管一般有两种封装，一种是塑封的，另一种是金属封装的。直排式为 3 根引脚并排插入 3 个孔中，大多塑封管采用这种安装方式。跨排式为 3 根引脚成一定角度插入电路板中，大多金属封装管采用这种安装方式，但也有少量塑封管采用这种安装方式。直排式安装和跨排式安装时三极管的引脚排列如图 1-3-8 所示。

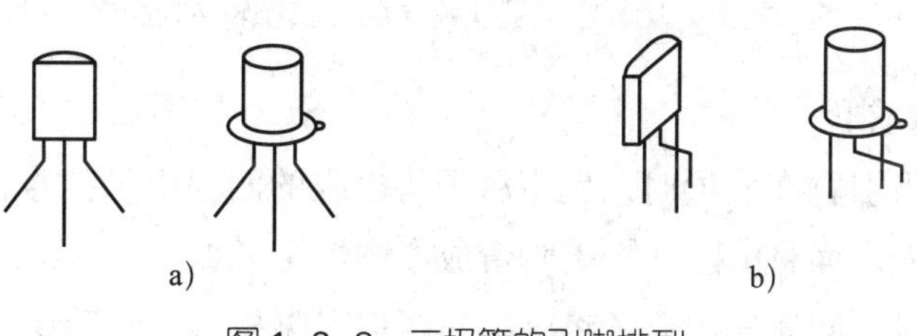

图 1-3-8　三极管的引脚排列

a）直排式安装　b）跨排式安装

三、电子元器件引脚的成形

1. 基本要求

由于安装环境的限制，有些元器件的引脚在焊接到电路板上时需要折转方向或弯曲。但应注意的是，所有元器件的引脚都不能齐根折弯，如图 1–3–9a 所示，以防引脚齐根折断。对于塑封晶体管，如果要齐根折弯其引脚，有可能损坏管芯。当元器件引脚需要改变方向或间距时，应采用如图 1–3–9b 所示的正确方法来折弯。

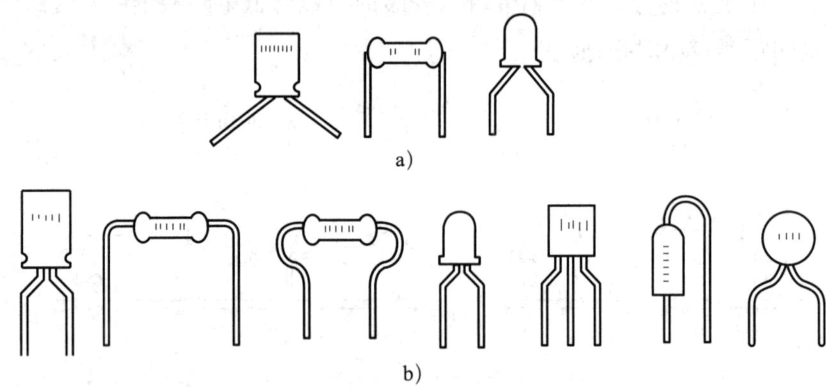

图 1–3–9　电子元器件引脚的折弯

a）错误　b）正确

对于金属大功率管、变压器等自身质量较大的元器件，仅依靠引脚的焊接已不足以固定，应先通过螺钉将其固定在电路板上，如图 1–3–10 所示，然后再将其引脚焊入电路板中。

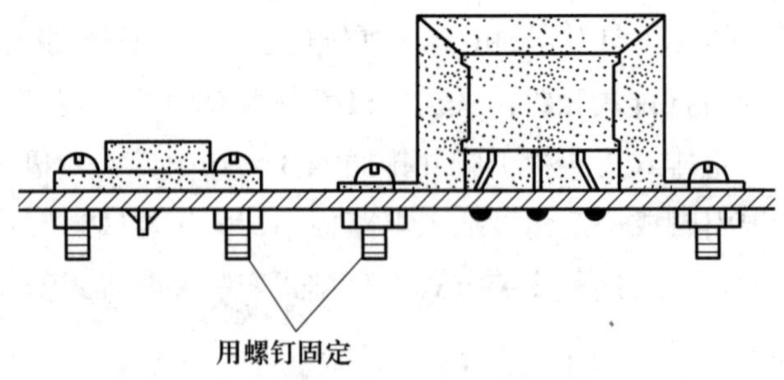

图 1–3–10　金属大功率管、变压器等自身质量较大的元器件的安装

2. 电阻引脚成形

立式安装电阻引脚在成形时，先用镊子将电阻的两根引脚拉直，然后用 ϕ0.3 mm 的钟表旋具作为固定面将电阻的上引脚弯成半圆即可，如图 1–3–11a 所示。卧式安装电阻引脚在成形时，同样先用镊子将电阻的两根引脚拉直，然后用镊子在距电阻本体 1~2 mm 处将引线弯成直角，如图 1–3–11b 所示。

3. 电容引脚成形

瓷片电容引脚在成形时，先用镊子将电容的两根引脚拉直，然后向外弯成 60°倾斜即可，如图 1–3–12a 所示。电解电容引脚在成形时，用镊子将电容的两根引脚拉直即可（体积较小的电解电容则需要向外弯成 60°倾斜），如图 1–3–12b 所示。

体积较大的电解电容一般为卧式安装。成形时，先用镊子将电容的两根引脚拉直，然后用镊子或整形钳在距电容本体约 5 mm 处分别将两根引线弯成直角，如图 1–3–12c 所示。

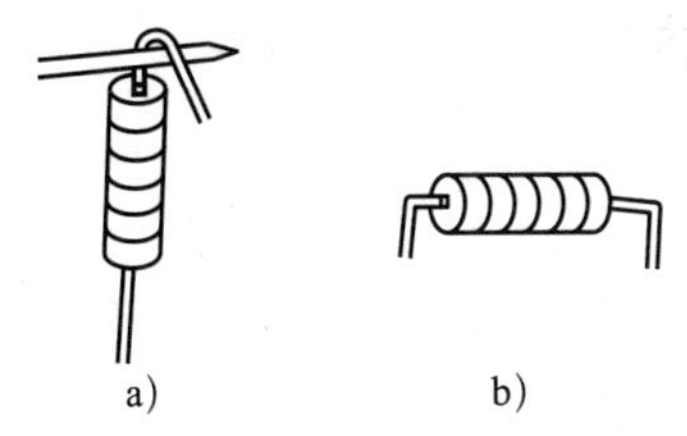

图 1–3–11 电阻引脚成形示意图
a）立式安装 b）卧式安装

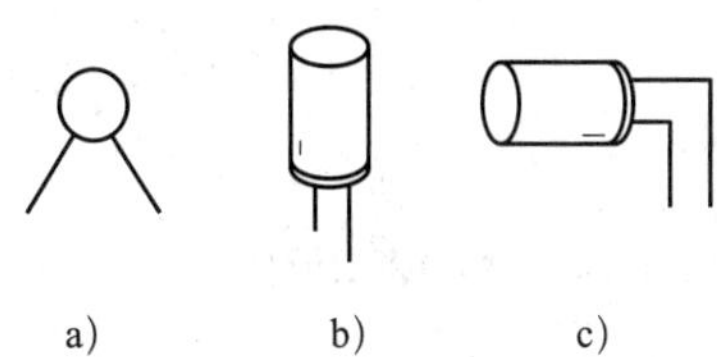

图 1–3–12 电容引脚成形示意图
a）瓷片电容 b）电解电容
c）体积较大的电解电容

4. 二极管引脚成形

立式安装的塑封二极管引脚在成形时，先用镊子将二极管的两根引脚拉直，然后用 ϕ0.3 mm 的钟表旋具作为固定面将二极管（标记向上）的负极引脚弯成半圆形即可；立式安装的玻璃封装二极管引脚在成形时，需在距二极管本体（标记向上）约 2 mm 处将其负极引脚弯成半圆形，如图 1–3–13a 所示；立式安装的发光二极管引脚在成形时，用镊子将发光二极管的两根引脚拉直，直接插入电路板即可。

卧式安装的二极管引脚在成形时，先用镊子将二极管的两根引脚拉直，然后在距二极管（塑封）本体 1~2 mm 处分别将其两根引脚弯成直角，玻璃封装二极管在距本体 3~4 mm 处成形，如图 1–3–13b 所示。

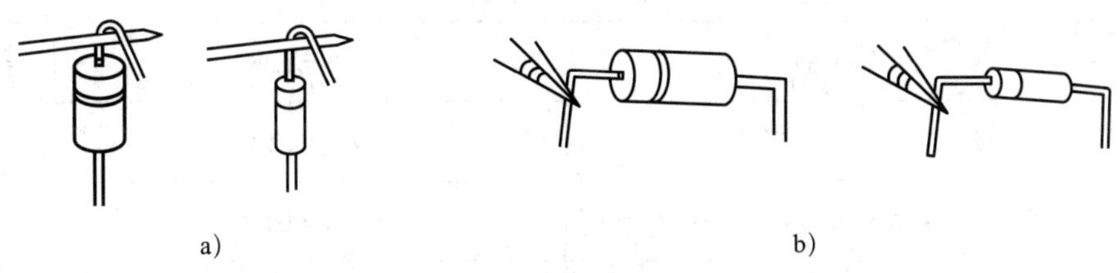

图 1–3–13 二极管引脚（塑封、玻璃封装）成形示意图
a）立式安装 b）卧式安装

5. 三极管引脚成形

直排式安装的三极管引脚在成形时，先用镊子将三极管的 3 根引脚拉直，然后分别将两边的引脚向外弯成 60°倾斜即可，如图 1–3–14a 所示。

跨排式安装的三极管引脚在成形时，先用镊子将三极管的 3 根引脚拉直，然后将中间的引脚向前或向后弯成 60°倾斜即可，如图 1–3–14b 所示。

图 1–3–14　三极管引脚成形示意图

a）直排式安装　b）跨排式安装

技能训练

1．训练内容

根据由三端集成稳压器组成的两路输出直流稳压电源电路（图 1–3–15），在万用电路板上安装和调试元器件。

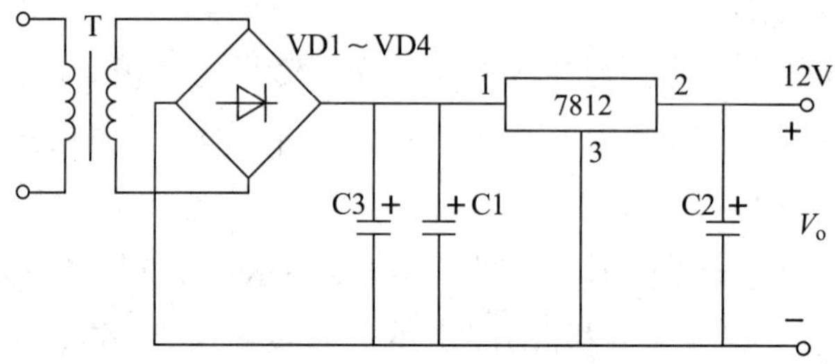

图 1–3–15　由三端集成稳压器组成的两路输出直流稳压电源电路

2．工具、仪器、仪表及材料（表 1-3-3）

表 1–3–3　工具、仪器、仪表及材料

序号	名称	型号与规格	数量
1	电源变压器 T	220 V/12 V	1 台
2	整流二极管 VD1 ~ VD4	1N4001	4 只
3	电解电容器 C1	0.33 μF/16 V	1 只
4	电解电容器 C2	0.1 μF/16 V	1 只
5	电解电容器 C3	220 μF/16 V	1 只
6	三端集成稳压器	7812	1 个

续表

序号	名称	型号与规格	数量
7	万能板	70 mm × 100 mm × 2 mm（或自定）	1 块
8	通用示波器	自定	1 台
9	万用表	自定	1 块
10	电工工具	—	1 套
11	单股镀锌铜线（连接元器件用）	AV–0.1 mm^2	1 m

3. 评分标准（表 1–3–4）

表 1–3–4 评分标准

<table>
<tr><th>序号</th><th colspan="2">项目内容</th><th colspan="2">评分标准</th><th>配分</th><th>扣分</th><th>得分</th></tr>
<tr><td>1</td><td colspan="2">万能板电路插装</td><td colspan="2">（1）地线分布不合理扣 5 分
（2）元器件引脚成形处理不符合要求，每处扣 5 分
（3）元器件安装和布局不合理扣 10 分
（4）万能板清洁不干净扣 5 分
（5）元器件位置、型号与规格错误，每处扣 2 分
（6）涂敷焊剂不合理扣 5 分</td><td>40 分</td><td></td><td></td></tr>
<tr><td rowspan="3">2</td><td rowspan="3">装配</td><td>接线</td><td colspan="2">接线不正确，每处扣 5 分</td><td>15 分</td><td></td><td></td></tr>
<tr><td>排列</td><td colspan="2">元器件排列不整齐，每处扣 5 分</td><td>10 分</td><td></td><td></td></tr>
<tr><td>焊点</td><td colspan="2">（1）焊点毛糙扣 5 分
（2）虚焊、漏焊扣 10 分</td><td>15 分</td><td></td><td></td></tr>
<tr><td>3</td><td colspan="2">参数测量</td><td colspan="2">参数测量不正确，每处扣 5 分</td><td>10 分</td><td></td><td></td></tr>
<tr><td>4</td><td colspan="2">安全文明生产</td><td colspan="2">违反安全文明生产扣 5~10 分</td><td>10 分</td><td></td><td></td></tr>
<tr><td colspan="3" rowspan="2">工时：3 h</td><td>备 注</td><td>合 计</td><td>100 分</td><td></td><td></td></tr>
<tr><td></td><td>教师签字</td><td colspan="3"></td></tr>
</table>

4. 训练步骤

（1）按照电路图绘制元器件布置草图。

（2）根据材料表检查元器件的数量和质量。

（3）根据元器件布置草图，对元器件引脚进行安装前的成形。

（4）按照元器件布置草图，在万能板上插装元器件。

（5）根据手工焊接操作工艺，焊接元器件。

（6）检查无误后，接通电源，进行调试。

（7）用示波器测量电解电容器 C1 两端和输出端的波形，并做好记录。

第二单元
典型电子电路的安装、调试与检修

课题一　整流、滤波及稳压电源电路的安装、调试与检修

任务 1　单相桥式整流、滤波电路的安装与调试

学习目标

1. 掌握单相桥式整流、滤波电路的工作原理。
2. 能进行单相桥式整流、滤波电路的安装与调试。

将交流电转换为直流电的过程称为整流，单相整流电路整流后得到的是脉动直流电，其中含有较多的交流成分，为保证供电质量，要滤除其中的交流成分，保留直流成分，即将脉动变化的直流电变为平滑的直流电，这就是滤波。单相整流、滤波电路用于将电网 220 V 交流电进行整流，变成脉动直流电，然后滤波，输出较为平滑的直流电。常见的整流电路有单相半波整流电路、单相全波整流电路和单相桥式整流电路等。

在整流、滤波电路中，单相桥式整流、滤波电路应用最为广泛。单相桥式整流、滤波电路原理图如图 2–1–1 所示。

1. 当开关 S1 断开、S2 合上时，电路为单相桥式整流电路。

当变压器二次侧交流电压 u_2 为正半周时，二次绕组的上部为正极，下部为负极，VD2、VD3 导通，VD1、VD4 截止，电流的流通路径为：从 *A* 点出发，经过 VD2 和负载 R_L，再经过 VD3 和 FU2 回到 *B* 点。若忽略二极管的正向压降，可以认为负载 R_L

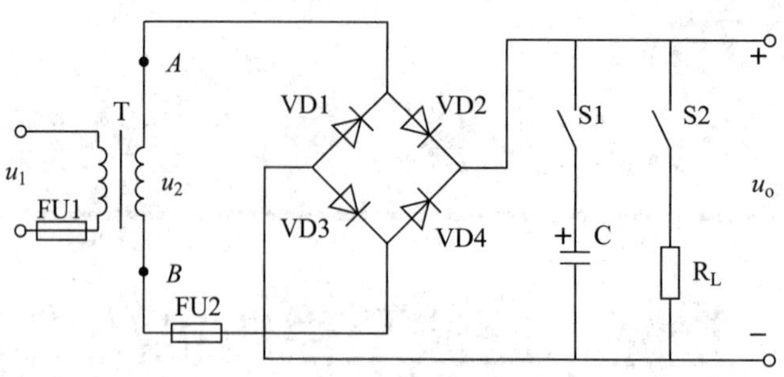

图 2–1–1　单相桥式整流、滤波电路原理图

上的电压 u_o 与 u_2 几乎相等，即 $u_o=u_2$。当 u_2 为负半周时，下部为正极，上部为负极，VD1、VD4 导通，VD2、VD3 截止，电流的流通路径为：从 *B* 点出发，经过 FU2、VD4 和负载 R_L，再经过 VD1 回到 *A* 点。若忽略二极管的正向压降，可以认为 $u_o=-u_2$。由此可见，在 u_2 的正、负半周，都有同一方向的电流通过负载 R_L，四只二极管中两只为一组，两组轮流导通，在负载上即可得到全波脉动的直流电压和电流，所以这种整流电路属于全波整流。单相桥式整流电路的输入、输出电压波形如图 2–1–2 所示。

单相桥式整流电路在负载 R_L 上得到的是全波脉动直流电，其中负载 R_L 上的全波脉动直流电压平均值 $U_o=0.9U_2$（U_2 为变压器二次侧电压的有效值），而流过负载 R_L 的电流平均值 $I_L=\dfrac{U_o}{R_L}$。

2. 当开关 S1 和 S2 都合上时，接通电容 C，电路为单相桥式整流、滤波电路。交流电压经整流二极管 VD1~VD4 整流后，再利用电容 C 进行滤波，其输入、输出电压波形如图 2–1–3 所示。

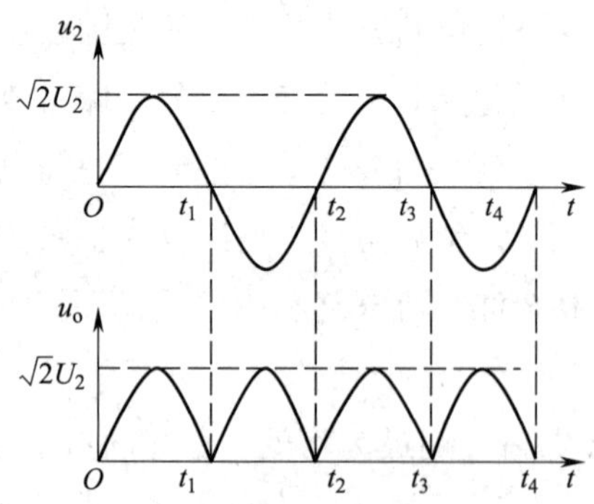

图 2–1–2　单相桥式整流电路的输入、输出电压波形

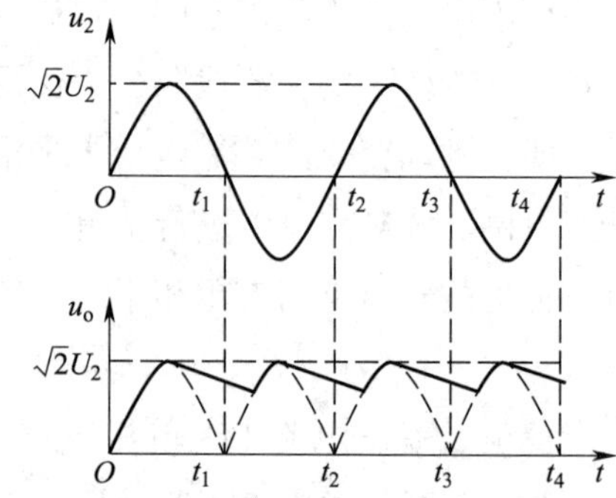

图 2–1–3　单相桥式整流、滤波电路的输入、输出电压波形

单相桥式整流电路经过电容滤波后，有关电压和电流的估算可以参考表 2–1–1。

表 2–1–1　单相桥式整流、滤波电路电压和电流的估算

整流电路形式	输入交流电压（有效值）	整流电路输出电压		整流器件上的电压和电流	
		负载开路时的电压	带负载时的电压（估计值）	最大反向电压 U_{RM}	电流 I_F
桥式整流	U_2	$\sqrt{2}U_2$	$1.2U_2$	$\sqrt{2}U_2$	$\frac{1}{2}I_L$

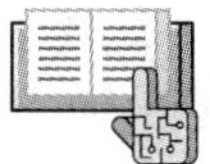

技能训练

1. 训练内容

单相桥式整流、滤波电路（图 2–1–1）的安装与调试。

2. 工具、仪器、仪表及材料（表 2–1–2）

表 2–1–2　工具、仪器、仪表及材料

序号	名称	型号与规格	数量
1	电源变压器 T	220 V/15 V	1 台
2	整流二极管 VD1～VD4	1N4004	4 只
3	电解电容器 C	470 μF/50 V	1 只
4	电阻器 R_L	10 kΩ/0.25 W	1 只
5	开关 S1、S2	单刀单掷	2 只
6	熔断器 FU1	0.5 A	1 只
7	熔断器 FU2	0.05 A	1 只
8	实验板	—	1 块
9	通用示波器	—	1 台
10	万用表	—	1 块
11	电工工具（包括焊接工具）	—	1 套
12	胶木板	50 mm × 50 mm × 5 mm	1 块
13	导线	—	若干
14	松香和焊锡丝等	—	若干

3. 评分标准（表 2-1-3）

表 2-1-3 评分标准

<table>
<tr><th>序号</th><th colspan="2">项目内容</th><th colspan="2">评分标准</th><th>配分</th><th>扣分</th><th>得分</th></tr>
<tr><td rowspan="4">1</td><td rowspan="4">安装电路</td><td>接线</td><td colspan="2">接线不正确，每处扣 20 分</td><td>35 分</td><td></td><td></td></tr>
<tr><td>布局</td><td colspan="2">元器件布局不合理扣 5~10 分</td><td>10 分</td><td></td><td></td></tr>
<tr><td>排列</td><td colspan="2">元器件排列不整齐扣 3~5 分</td><td>5 分</td><td></td><td></td></tr>
<tr><td>焊点</td><td colspan="2">（1）焊点毛糙扣 5~10 分
（2）虚焊、漏焊，每处扣 10~15 分</td><td>20 分</td><td></td><td></td></tr>
<tr><td>2</td><td colspan="2">调试电路</td><td colspan="2">（1）测量输入电压，量程置错扣 10 分
（2）测量输出电压，量程置错扣 10 分</td><td>20 分</td><td></td><td></td></tr>
<tr><td>3</td><td colspan="2">安全文明生产</td><td colspan="2">违反安全文明生产扣 5~10 分</td><td>10 分</td><td></td><td></td></tr>
<tr><td colspan="3" rowspan="2">时间：2 h</td><td>备 注</td><td>合 计</td><td>100 分</td><td></td><td></td></tr>
<tr><td></td><td>教师签字</td><td colspan="3"></td></tr>
</table>

4. 训练步骤

（1）安装

1）根据表 2-1-2 配齐元器件，并用万用表检测元器件的性能及好坏。

2）清除元器件的氧化层，并搪锡。

3）剥去电源连接线及负载连接线的线端绝缘，清除氧化层，并加以搪锡处理。

4）安装元器件。二极管和电解电容器应正向连接，否则可能会被烧毁。

5）用硬铜导线根据电路的电气连接关系进行布线并焊接固定。焊接元件时，可用镊子夹住被焊件的引脚，这样既方便焊接又有利于散热。不可出现虚焊、漏焊现象，一经发现应及时纠正。

组装好的电路板如图 2-1-4 所示，其焊接面如图 2-1-5 所示。

（2）调试

1）在胶木板上安装变压器等元器件。同时，要求做好电源引线的连接和电路板交流输入端的连接。

2）检查各元器件有无错焊、漏焊和虚焊等情况，并判断接线是否正确。

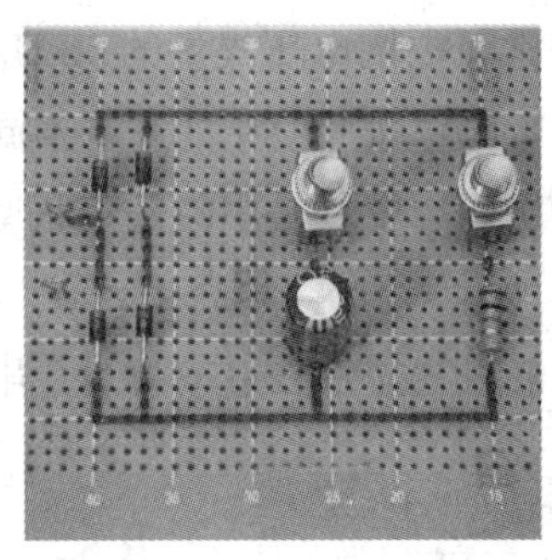
图 2-1-4　组装好的电路板

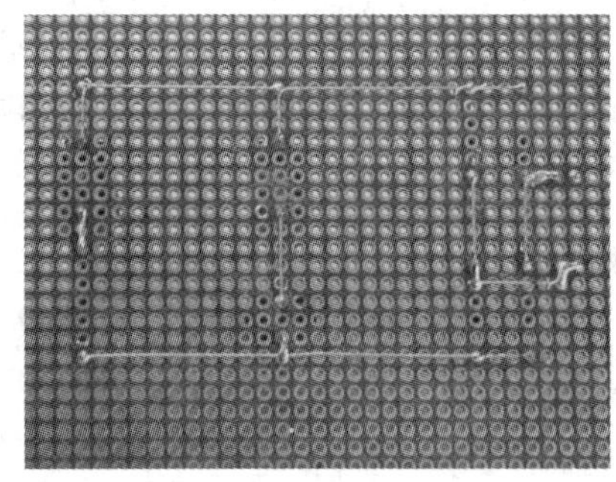
图 2-1-5　电路板焊接面

3）接通电源，观察有无异常情况。在开关 S1 和 S2 处于各种状态时，将万用表的量程转换开关置于直流 50 V 挡，用万用表测量输出电压的平均值。空载输出电压应为 18 V 左右。

4）若输出电压不稳定，应检查电源电压是否波动。输出电压应随电源电压的上升而上升，随电源电压的下降而下降。

5）若输出电压为 13.5 V 左右，说明滤波电容脱焊或已损坏。

6）若输出电压为 6.7 V 左右，说明除滤波电容脱焊或已损坏外，整流桥某个臂脱焊或有一只二极管断路。

7）若输出电压为 0 V，且变压器无异常发热现象，说明变压器一次侧或二次侧绕组已断开或未接好，或是熔丝已熔断，也可能是电源与整流桥未接好。

8）若接通电源后，熔丝立即熔断，说明变压器一次侧或二次侧绕组已短路，或是整流桥中有一只二极管反接，或是滤波电容短路。此时应立即切断电源，查明原因。FU1 熔断为一次侧短路。FU2 熔断为二次侧短路，FU2 熔断的主要原因是滤波电容短路或二极管反接等。

任务 2　串联型稳压电源的安装与调试

学习目标

1. 熟悉串联型稳压电源的组成和工作原理。
2. 能进行串联型稳压电源的安装与调试。

各种电子设备都需要由稳定的直流电源供电。通常将电网电压提供的 50 Hz 正弦交流电经过变换以获得所需要的直流电。单相直流稳压电源按照使用的元件不同分为分立元件稳压电源和集成稳压电源两种，分立元件稳压电源中最常用的是串联型稳压电源。

串联型稳压电源具有输出电流较大、带负载能力强且稳压性较好的特点。串联型稳压电源原理图如图 2-1-6 所示。

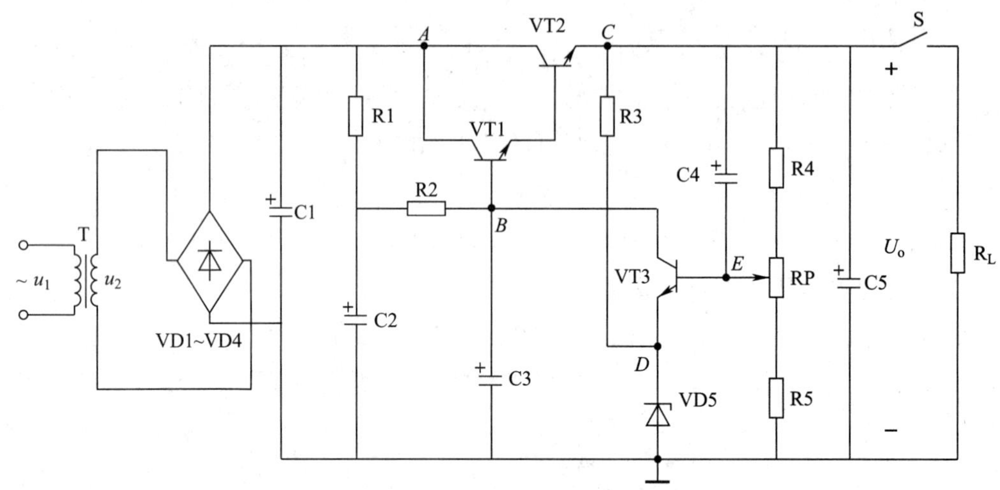

图 2-1-6　串联型稳压电源原理图

一、电路的组成

串联型稳压电源的组成框图如图 2-1-7 所示。

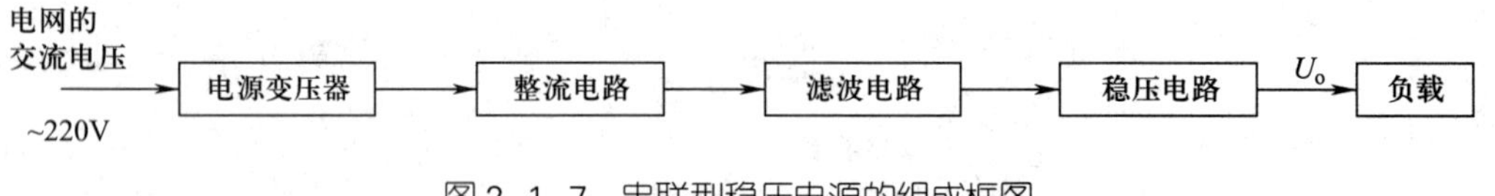

图 2-1-7　串联型稳压电源的组成框图

1. 电源变压器 T

电源变压器 T 的作用是将 220 V 交流电变换为整流电路所需要的交流电压值。

2. 整流电路

整流二极管 VD1～VD4 构成单相桥式整流电路，其作用是将交流电变换为脉动直流电。

3. 滤波电容 C1

滤波电容 C1 的作用是将脉动直流电变换为平滑的直流电。

4. 稳压电路

稳压电路的作用是使直流电源的输出电压稳定，使其基本不受电网电压或负载变动的影响。图 2-1-6 中采用串联型直流稳压电路，其组成框图如图 2-1-8 所示。它由基准电路、取样电路、比较放大电路和调整管组成。三极管 VT1 和 VT2 组成复合调整管，接成射极输出形式，它与负载 R_L 串联，该电路因此得名。

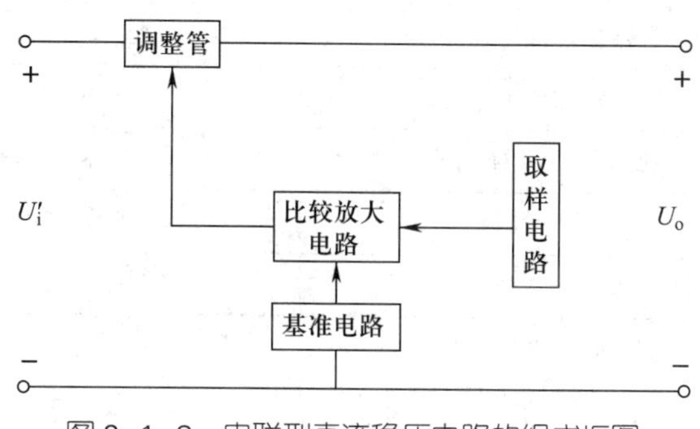

图 2-1-8 串联型直流稳压电路的组成框图

稳压管 VD5 和限流电阻 R3 构成基准电路。电阻 R4、RP 和 R5 构成取样电路，当输出电压变化时，取样电路电阻将其变化量的一部分送到比较放大电路。三极管 VT3 组成比较放大电路。取样电压和基准电压分别送至三极管 VT3 的基极和发射极进行比较、放大，VT3 的集电极与调整管的基极相连，以控制调整管的基极电位。

二、稳压原理

假设由于某种原因（如电网电压波动或者负载电阻变化等）使输出电压 U_o 上升，取样电路将这一变化趋势送到三极管 VT3 的基极，将其与发射极基准电压 U_Z 进行比较，并且将两者的差值进行放大，VT3 集电极电位 U_{C3}（即调整管的基极电位 U_{B1}）降低。由于调整管采用射极输出形式，所以输出电压 U_o 必然降低，从而保证 U_o 基本稳定。其稳定过程可以表示如下：

$$U_o\uparrow\rightarrow U_{B3}\uparrow\rightarrow U_{BE3}\uparrow\rightarrow I_{C3}\uparrow\rightarrow U_{C3}(U_{B1})\downarrow\rightarrow U_o\downarrow$$

若输出电压降低，则有如下稳压过程：

$$U_o\downarrow\rightarrow U_{B3}\downarrow\rightarrow U_{BE3}\downarrow\rightarrow I_{C3}\downarrow\rightarrow U_{C3}(U_{B1})\uparrow\rightarrow U_o\uparrow$$

调节 RP，可以调节输出电压 U_o 的大小，使其在一定的范围内变化。

技能训练

1．训练内容

串联型稳压电源（原理图如图 2-1-6 所示）的安装与调试。

2. 工具、仪器、仪表及材料（表 2-1-4）

表 2-1-4　工具、仪器、仪表及材料

序号	名称	型号与规格	数量
1	电源变压器 T	220 V/15 V	1 台
2	整流二极管 VD1 ~ VD4	1N4007	4 只
3	稳压二极管 VD5	2CW14	1 只
4	三极管 VT1	VT9013	1 只
5	三极管 VT2	3DD15	1 只
6	三极管 VT3	VT9014	1 只
7	电位器 RP	680 Ω	1 只
8	电阻器 R1	2 kΩ	1 只
9	电阻器 R2、R3、R5	1 kΩ	3 只
10	电阻器 R4	390 Ω	1 只
11	电阻器 R_L	100 Ω/2 W	1 只
12	开关 S	单刀单掷	1 只
13	电解电容器 C1	2 200 μF/50 V	1 只
14	电解电容器 C2	100 μF/50 V	1 只
15	电解电容器 C3、C4	10 μF/25 V	2 只
16	电解电容器 C5	470 μF/25 V	1 只
17	铝型散热片	—	1 块
18	实验板	—	1 块
19	电工工具（包括焊接工具）	—	1 套
20	万用表	—	1 块
21	通用示波器	—	1 台
22	导线	—	若干
23	松香和焊锡丝等	—	若干

3. 评分标准（表 2-1-5）

表 2-1-5　评分标准

序号	项目内容	评分标准	配分	扣分	得分
1	安装电路	电路安装不正确、不完整，每处扣 5 分	20 分		
		元器件损坏，每处扣 2.5 分	5 分		

续表

<table>
<tr><th>序号</th><th>项目内容</th><th colspan="2">评分标准</th><th>配分</th><th>扣分</th><th>得分</th></tr>
<tr><td rowspan="3">1</td><td rowspan="3">安装电路</td><td colspan="2">布局层次不合理，每处扣5分</td><td>10分</td><td></td><td></td></tr>
<tr><td colspan="2">布线不美观、不牢固、虚焊，焊点不符合要求，每处扣2分</td><td>10分</td><td></td><td></td></tr>
<tr><td colspan="2">不按图接线，每处扣5分</td><td>10分</td><td></td><td></td></tr>
<tr><td>2</td><td>调试电路</td><td colspan="2">（1）通电调试不成功，扣20分
（2）使用万用表不正确、测量结果不正确，每处扣2分</td><td>35分</td><td></td><td></td></tr>
<tr><td>3</td><td>安全文明生产</td><td colspan="2">违反安全文明生产扣5~10分</td><td>10分</td><td></td><td></td></tr>
<tr><td colspan="2" rowspan="2">时间：100 min</td><td>备 注</td><td>合 计</td><td>100分</td><td></td><td></td></tr>
<tr><td></td><td>教师签字</td><td colspan="3"></td></tr>
</table>

4. 训练步骤

（1）安装

1）根据表2-1-4配齐电路元器件并检测其好坏。

2）清除元器件的氧化层并搪锡。

3）剥去电源连接线及负载连接线的线端绝缘，清除氧化层，并加以搪锡处理。

4）安装元器件。稳压二极管应反向连接。

5）用硬铜导线根据电路的电气连接关系进行布线并焊接固定。焊接元件时，用镊子夹住被焊件的引脚，以方便焊接和散热。不可出现虚焊、漏焊现象，一经发现应及时纠正。

组装好的电路板如图2-1-9所示，其焊接面如图2-1-10所示。

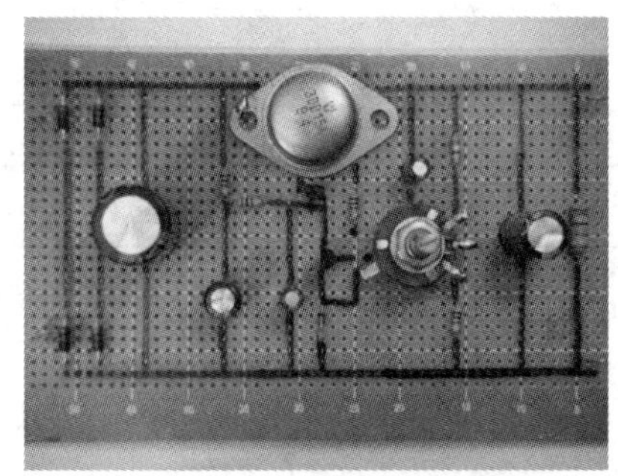

图2-1-9 组装好的电路板

图2-1-10 电路板焊接面

（2）调试

1）空载时工作电压的测量。将开关S断开，调节电位器RP，使输出电压U_o为12 V。测量电路中各点的电压，如图2-1-11所示。将测量结果填入表2-1-6中。

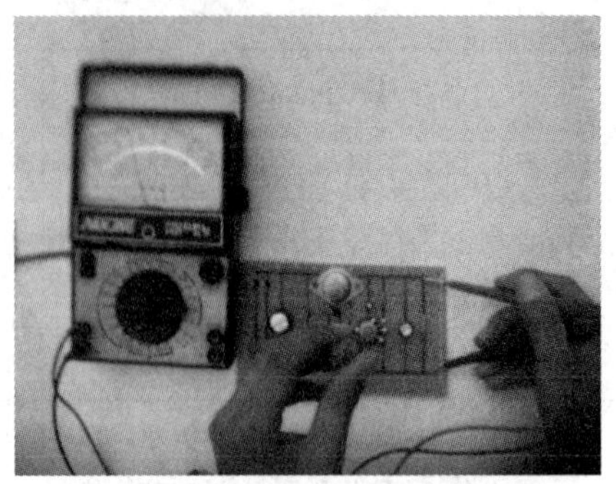

图 2-1-11　测量电路中各点的电压

表 2-1-6　空载时的工作电压

U_A	U_B	U_C	U_D	U_E

2）稳压电源内阻的测量。将开关 S 合上，接入负载电阻 R_L，用万用表测量稳压电源的输出电压 U'_o，则稳压电源的内阻 $r=\left(\frac{U_o}{U'_o}-1\right)\times R_L$。将测量结果填入表 2-1-7 中。

表 2-1-7　稳压电源内阻的测量

U_o	R_L	U'_o	r

3）用示波器观察输出电压的波形。断开电容 C2 和 C3，观察输出电压的波形。比较哪种情况下（接通电容 C2、C3 和断开电容 C2、C3）输出电压波形的脉动程度相对较低。将观察到的输出电压波形绘制在表 2-1-8 中。

表 2-1-8　输出电压波形

接通电容 C2 和 C3 时	断开电容 C2 和 C3 时
U_o ↑ O → t	U_o ↑ O → t

其中用示波器测量波形时，垂直输入灵敏度选择开关（V/div）每格________V，扫描时间转换开关（s/div）每格________ms。

拓展训练

1. 训练内容

与分立元件组成的稳压电路相比，集成稳压器具有体积小、质量轻、使用方便、可靠性高等优点，因而得到广泛应用。本训练要求完成集成直流稳压电源的安装与调试，其原理图如图 2–1–12 所示。

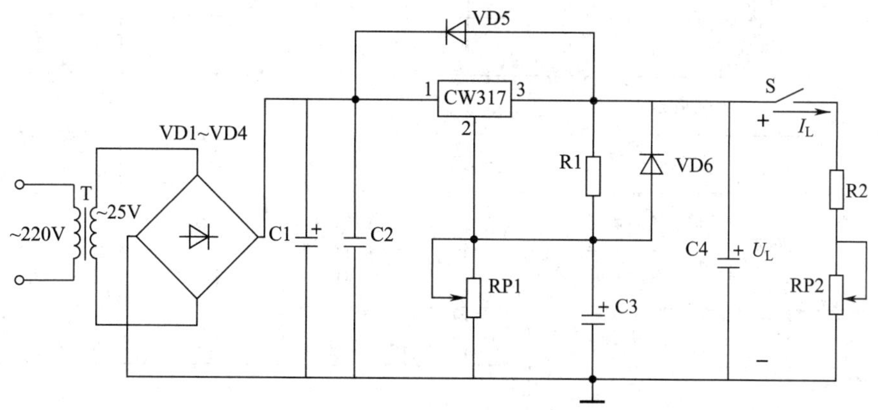

图 2–1–12 集成直流稳压电源原理图

2. 工具、仪器、仪表及材料（表 2–1–9）

表 2–1–9 工具、仪器、仪表及材料

序号	名称	型号与规格	数量
1	电源变压器	220 V/25 V	1 台
2	单相自耦调压器	—	1 台
3	集成稳压器	CW317	1 个
4	电解电容器 C1	2 200 μF/50 V	1 只
5	电容器 C2	0.33 μF	1 只
6	电解电容器 C3	10 μF/25 V	1 只
7	电解电容器 C4	100 μF/50 V	1 只
8	二极管 VD1 ~ VD4	1N4004	4 只
9	二极管 VD5、VD6	1N4001	2 只
10	电位器 RP1	5.1 kΩ	1 只
11	电位器 RP2	1 kΩ	1 只
12	电阻器 R1	120 Ω	1 只

续表

序号	名称	型号与规格	数量
13	电阻器 R2	100 Ω	1 只
14	开关 S	单刀单掷	1 只
15	实验板	—	1 块
16	电工工具	—	1 套
17	万用表	—	1 块
18	通用示波器	—	1 台
19	直流电流表	—	1 只
20	多股镀锌铜线	AVR 0.1 mm^2，白色	若干
21	单股镀锌铜线	AV 0.1 mm^2，红色	若干
22	松香和焊锡丝等	—	若干

3．评分标准

评分标准参考表 2–1–5。

4．训练步骤

（1）清点、检测元器件并对元器件进行搪锡处理

1）按表 2–1–9 核对元器件的数量、型号与规格，如有短缺、差错，应及时补齐和更换。

2）用万用表检测元器件的好坏。对不符合质量要求的元器进行剔除并更换。

3）清除元器件引脚和实验板上的氧化层并搪锡。

（2）按集成直流稳压电源原理图进行组装

将元器件插装后再焊接固定，用硬铜导线根据电路的电气连接关系进行布线并焊接固定。组装好的电路板如图 2–1–13 所示，其焊接面如图 2–1–14 所示。

图 2–1–13　组装好的电路板

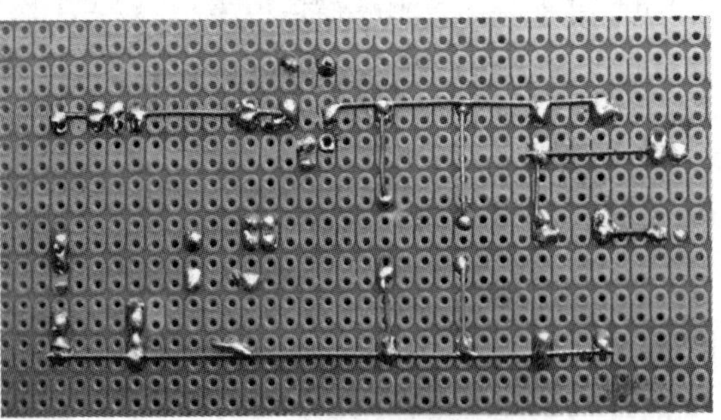

图 2–1–14　电路板焊接面

（3）调试

1）稳压电源输出电压的调节。保持交流电源电压为 25 V 不变，调节 RP1 的阻值分别为最大和最小，测量输出电压 U_L 的调节范围，将测量结果填入表 2–1–10 中。输出电压也可根据 $U_L \approx 1.25\left(1+\frac{R_{P1}}{R_1}\right)$ 进行估算。

表 2–1–10 输出电压测试记录

调节 RP1		阻值最大	阻值最小
输出电压 U_L	测量值		
	计算值		

2）输入电压对稳压电源输出电压的影响。调整单相自耦变压器，使电源电压为 220 V，电路输出电压为 12 V。

调整单相自耦变压器，使电源电压变化 ±10%（198~242 V）时，测量相应的输出电压 U'_L，将测量结果填入表 2–1–11 中，并根据测量数据计算输出电压的变化量及电压调整率。

表 2–1–11 输入电压对稳压电源输出电压的影响情况记录

额定输出电压 U_L	12 V	
电源电压波动 ±10%	198 V	242 V
输出电压 U'_L		
输出电压的变化量（$\Delta U_L=U'_L-U_L$）		
电压调整率 $K_U=\frac{\lvert\Delta U_L\rvert}{U_L}$		

3）负载对稳压电源输出电压的影响。先断开开关 S，空载时将输出电压调至 12 V。再接通开关 S，接入负载，调节 RP2 的阻值，使负载电流 I_L 分别为 20 mA、40 mA、60 mA、80 mA，测量对应的输出电压 U_L，并将测量结果填入表 2–1–12 中，并根据测量数据计算输出电阻。

表 2–1–12 负载对稳压电源输出电压的影响情况记录

I_L	0	20 mA	40 mA	60 mA	80 mA
输出电压 U_L	12 V				
输出电阻 $r_o=\frac{\Delta U_L}{\Delta I_L}$					

任务 3　串联型稳压电源的检修

学习目标

1. 掌握较复杂电子线路的检修步骤。
2. 掌握较复杂电子线路的检修方法和调试方法。
3. 能进行串联型稳压电源的检修。

一、较复杂电子线路的检修步骤

1．电子线路类型识别

电子线路在检修前，必须对其进行类型识别：判断电路是模拟电路，还是数字电路；是分立元件电路，还是集成电路；是处理、放大信号的电路，还是产生信号的电路；是电源电路，还是开关电路等。不同类型的电路，其检修方法、测量手段、分析故障的要点等都不相同。

2．分析故障范围

根据电子线路的功能、信号等方面进行区域划分，结合故障现象，确定检查的区域范围。

3．确定线路检测方案

确定电子线路的类型后，针对其特点，确定对线路进行检查选用的仪器、仪表及步骤、方法、测量点。

4．用测量法确定故障点

运用检查工具，对各个测量点进行测量和判断。根据仪表、仪器显示的结果，遵循测量步骤，进行测量结果分析，直至检测到故障点。

5．检修故障点，并通电试机

如果对电子线路进行了元器件更换，必须调试电子线路，使其符合原来线路的要求。

6．整理现场

断开电子线路的电源开关，清理干净杂物。然后断开电烙铁的电源，将工具、仪器、仪表和材料摆放整齐。

7．做好维修记录

记录的内容可包括电子设备的型号、名称、编号，故障发生日期，故障现象和部位，故障原因，修复措施及修复后的运行情况等。记录的目的是作为档案以备日后维修时参考，并通过对历次故障的分析，采取相应的有效措施，防止类似事故的再次发生或对电气设备本身的设计提出改进意见等。

提示

（1）测量在线电子元器件时，通过对换表笔进行测量结果比较，能较好地避免判断失误。

（2）在用测量法检查故障点时，一定要保证各种测量工具和仪器、仪表完好，使用方法正确，还要注意防止感应电对其他电子元器件和线路的影响，以免扩大故障范围。

（3）检修完毕，将检修过程中涉及的各焊点重新检查一遍，看是否有虚焊、漏焊等现象；各连接导线应整理规范、美观，同时将灰尘、杂物清理干净。

（4）每次排除故障后，都应及时总结经验，并做好维修记录。

二、较复杂电子线路的检修方法

1．对于比较复杂的电子线路，在其电路图中一般都给出了重要的参数，在处理和修复故障时，可与电路图中给出的参数进行比较，以提高检修效率。

2．对查找到的故障点，需补焊的焊点按焊接工艺要求补焊，该更换的电子元器件按同型号、同参数的要求更换。元件的拆焊和重新焊接应注意以下几点：

（1）引脚较少元件的拆法

一手拿电烙铁加热待拆元件的引脚焊点，熔化原焊点焊锡，一手用镊子夹住元件轻轻往外拉。

（2）多焊点元件且引脚较硬元件的拆法

1）使用吸锡器或吸锡式电烙铁逐个将焊点上的焊锡吸掉后，再将元件拉出。

2）使用专用工具一次性将所有焊点加热熔化，取下焊件。

（3）重新焊接

重焊电路板上的元件时，首先将元件孔疏通，再根据孔距用镊子弯好元件引脚，然后插入元件进行焊接。

3．常用的测量方法

（1）直流电压测量法

通过对整个电子线路某些关键点在有 / 无信号时直流电压的测量，并与正常值相比较，经过分析便可确定故障范围。然后测量此故障电路中有关点的直流电压，就能较快地找出故障所在点。

（2）交流电压测量法

交流电压测量法主要用于检查交流电路是否正常。对于音频输出电路或场输出电路，有时也可以用万用表 dB 挡或交流电压挡串联一只高压电容来检查有无脉冲或音频信号。由于所测量的是脉冲或音频电压，万用表的读数只作为判断电路是否正常的参考，不能代表实际电压值。

（3）电阻测量法

电阻测量法的主要测量内容如下：

1）测量交流和直流稳压电源各输出端的对地电阻，以检查电源的负载有无短路或漏电。

2）测量电源调整管、音频输出管和其他中、大功率管集电极的对地电阻，以防这些晶体管集电极对地短路或漏电。

3）测量集成电路各引脚的对地电阻，以判断集成电路是否损坏或漏电。

4）直接测量其他元器件，以判断这些元器件是否损坏。由于 PN 结的作用，最好进行正、反两个方向电阻的测量；另外，由于万用表的内阻、电池电压等方面的差异，测量结果可能不一致，应多加注意。

（4）电流测量法

电流测量法常用来检查电源的输出电流和单元电路的工作电流，尤其是输出级的工作电流，这种方法能定量反映电路的静态工作是否正常。用万用表测量电路电流时，电流挡的内阻应足够小，以免影响电路正常工作。

（5）示波器测量法

示波器是通用性很强的信号特性测试仪器，既能显示波形，又能测量电信号的幅度、周期、频率和相位等，还能测量脉冲信号的波形参数。多踪示波器能进行信号比较，是检测电子线路的重要仪器。

三、较复杂电子线路的调试方法

根据电路图或接线图从电源端开始，逐步、逐段校对电子元器件的技术参数与电路图或接线图是否相对应；校对连接导线的连接是否正确，检查焊点是否虚焊等。

首先进行静态测量，应从电源开始，测量各关键点的直流电压值，判断其是否与规定值相符，以进一步确定电路的正确性。然后进行动态测量，加入动态信号，用电子仪器与仪表进行测量，将测量结果与标准参数、波形进行对比，进一步调整电路，完善电路的性能。

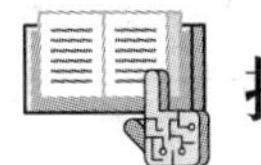

技能训练

1. 训练内容

串联型稳压电源（原理图如图 2-1-6 所示）的检修。

故障点设置：电阻 R1 断路。

故障现象：该稳压电源电路输出电压为零。

2. 工具、仪器、仪表及材料（表 2-1-13）

表 2-1-13　工具、仪器、仪表及材料

序号	名称	型号与规格	数量
1	双踪示波器	SR8 型或自定	1 台
2	万用表	—	1 块
3	电工工具	—	1 套
4	圆珠笔	—	1 支
5	演草纸	—	2 张
6	绝缘鞋、工作服等	—	1 套
7	电子线路（串联型稳压电源）	—	1 台
8	串联型稳压电源原理图（与线路配套的原理图）	—	1 张
9	排除故障所用的设备及材料（与串联型稳压电源配套）	—	1 套
10	单相交流电源	220 V/15 V	1 台

3. 评分标准（表 2-1-14）

表 2-1-14　评分标准

序号	项目内容	评分标准	配分	扣分	得分
1	调查研究	排除故障前不进行调查研究，扣 10 分	10 分		
2	故障分析	错标或标不出故障范围，每个故障点扣 10 分	20 分		
		不能标出最小的故障范围，每个故障点扣 5 分	10 分		

续表

<table>
<tr><th>序号</th><th>项目内容</th><th colspan="2">评分标准</th><th>配分</th><th>扣分</th><th>得分</th></tr>
<tr><td rowspan="2">3</td><td rowspan="2">故障排除</td><td colspan="2">查找故障点错误扣 20 分</td><td>20 分</td><td></td><td></td></tr>
<tr><td colspan="2">排除故障方法不正确，每处扣 10 分</td><td>20 分</td><td></td><td></td></tr>
<tr><td>4</td><td>其他</td><td colspan="2">排除故障时产生新的故障且不能自行修复，每处扣 10 分；已经修复，每处扣 5 分</td><td>10 分</td><td></td><td></td></tr>
<tr><td>5</td><td>安全文明生产</td><td colspan="2">违反安全文明生产扣 5~10 分</td><td>10 分</td><td></td><td></td></tr>
<tr><td colspan="2" rowspan="2">时间：60 min</td><td>备　注</td><td>合　计</td><td>100 分</td><td></td><td></td></tr>
<tr><td></td><td>教师签字</td><td colspan="3"></td></tr>
</table>

4．训练步骤

（1）电子线路类型识别

VD1～VD4 是整流电路部分。C1 为滤波电容。R5、RP、R4 组成取样电路，取出电压变化量的一部分送至三极管 VT3 的基极。R3 与稳压管 VD5 为 VT3 的发射极提供一个基本稳定的直流参考电压（基准电压）。VT3 将取样电路送来的输出电压变化量与基准电压进行比较、放大后，再去控制调整管。调整管由复合管 VT1、VT2 组成，它受比较放大部分输出电压的控制，自动调整管压降的大小，以保证输出电压稳定。当 RP 向上调节时，相当于减小 R_4'，增大 R_5'，输出电压下降；当 RP 向下调节时，输出电压上升。当然，该电路的输出电压可调范围是有限的，因为若 R_4' 过小就会使 VT3 饱和；R_5' 过大又会使 VT3 截止，所以 R_4' 过小及 R_5' 过大均会导致稳压电路失控。经过分析，该电路为串联调整型稳压电源电路。

（2）分析故障范围

根据电源输出电压 $U_o = 0$ V 的故障现象，结合该电路的工作原理，整个电路从变压器到稳压电路的所有环节都有出现问题的可能性。

（3）确定检修方案

该电路的测量方法较为简单，一般用万用表即可满足测量要求。

将万用表转换开关拨至交流电压 50 V 挡，接通开关 S，测量 VD1～VD4 桥式整流电路交流输入端电压是否为 15 V。若是，说明桥式整流电路交流输入端正常。

将万用表转换开关拨至直流电压 50 V 挡，接通开关 S，测量 VD1～VD4 桥式整流电路直流输出端电压是否为 18 V。若是，说明桥式整流电路直流输出端正常。

结论：故障点应在稳压电路中。

（4）用测量法确定故障点

将万用表转换开关拨至直流电压 50 V 挡→测量电容 C2 两端的直流电压→ 0 V → VT1 基极无直流工作电压→调整管处于截止状态。

断开开关 S →将万用表转换开关拨至 $R\times10$ 挡，调零后测量 R1 的阻值→ R1 的阻值与标称值相差过大→用电烙铁断开 R1 其中一侧的引脚，用万用表测量 R1 的阻值为 ∞，说明 R1 断路。

（5）检修故障点，并通电试车

将 R1 焊好后，接通开关 S，将万用表转换开关拨至直流电压 50 V 挡，测量 U_o 正常→电路正常。

（6）整理现场，做好维修记录

固定好线路板，整理线路板之间的所有连线，盖上外壳，清理干净杂物。

课题二 放大电路的安装与调试

任务 1 多级负反馈放大电路的安装与调试

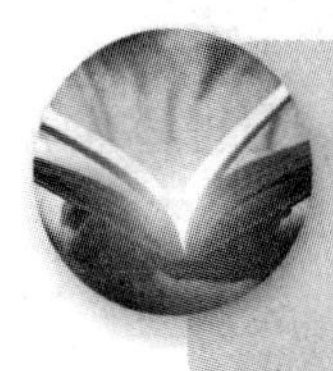

学习目标

1. 掌握带负反馈的两级放大电路的工作原理。
2. 能进行带负反馈的两级放大电路的安装与调试。

用电子元器件把微弱的电信号（电压、电流、功率）增强到所需值的电路称为放大电路。其中，带负反馈的两级放大电路的应用较为广泛，下面以其为例来说明多级负反馈放大电路的安装与调试方法。

带负反馈的两级放大电路原理图如图 2–2–1 所示。

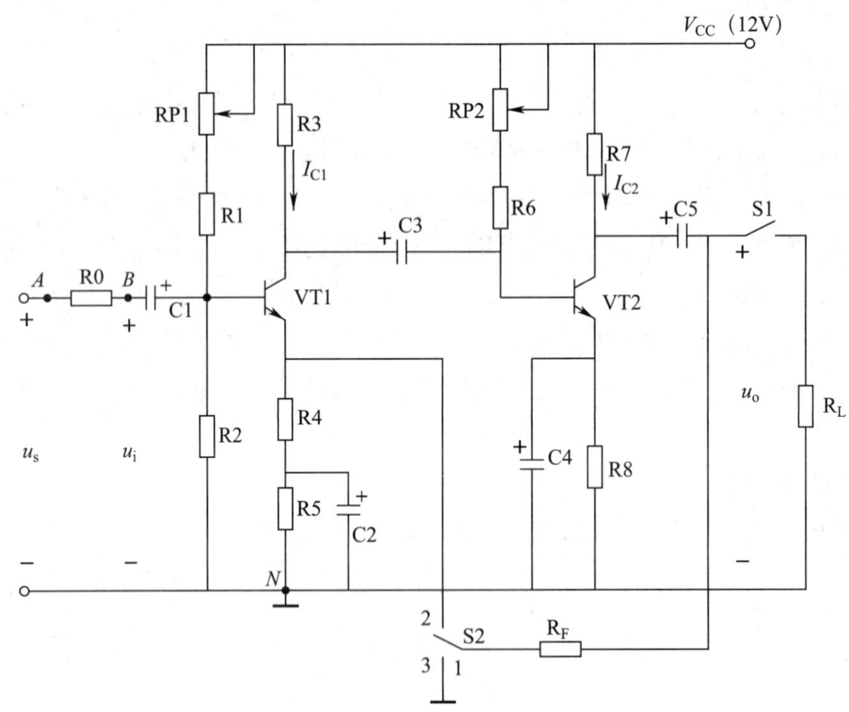

图 2–2–1　带负反馈的两级放大电路原理图

电路由两级放大器组成。VT1 是第一级放大器的放大管，RP1、R1 和 R2 是基极电阻，R3 是集电极电阻，R4、R5 是发射极电阻，C2 是旁路电容。静态时 VT1 的基极电压 U_{BVT1} 近似由（R_1+R_{P1}）与 R_2 的分压比确定，所以第一级放大器通常称为分压式射极偏置放大电路，它能有效地稳定放大电路的静态工作点。VT2 是第二级放大器的放大管，RP2 和 R6 是基极电阻，R7 是集电极电阻，R8 是发射极电阻，C4 是旁路电容。C1、C3 和 C5 是耦合电容。当开关 S2 与端点 2 接通时，第二级放大器的输出信号通过 R_F 接到了第一级放大器 VT1 的发射极上，对 VT1 的净输入信号产生影响，所以 R_F 是反馈元件，且为电压串联型负反馈。当开关 S2 与端点 3 接通时，则将断开负反馈。

技能训练

1．训练内容

带负反馈的两级放大电路（原理图如图 2–2–1 所示）的安装与调试。

2. 工具、仪器、仪表及材料（表 2-2-1）

表 2-2-1 工具、仪器、仪表及材料

序号	名称	型号与规格	数量
1	三极管 VT1、VT2	VT9014	2 只
2	电位器 RP1	100 kΩ	1 只
3	电位器 RP2	470 kΩ	1 只
4	电阻器 R4	100 Ω	1 只
5	电阻器 R0、R5	1 kΩ	2 只
6	电阻器 R3、R7、R8	2.2 kΩ	3 只
7	电阻器 R_L	3 kΩ/0.25 W	1 只
8	电阻器 R2	9.1 kΩ	1 只
9	电阻器 R_F	10 kΩ	1 只
10	电阻器 R1	18 kΩ	1 只
11	电阻器 R6	100 kΩ	1 只
12	电解电容器 C1、C3、C5	10 μF/25 V	3 只
13	电解电容器 C2、C4	100 μF/25 V	2 只
14	开关 S1	单刀单掷	1 只
15	开关 S2	单刀双掷	1 只
16	实验板	—	1 块
17	通用示波器	—	1 台
18	低频信号发生器	—	1 台
19	万用表	—	1 块
20	电工工具（包括焊接工具）	—	1 套
21	导线	—	若干
22	松香和焊锡丝等	—	若干

3．评分标准（表 2-2-2）

表 2-2-2 评分标准

序号	项目内容	评分标准	配分	扣分	得分
1	安装电路	检测元器件错误，每处扣 2.5 分	5 分		
		电路安装不正确，每处扣 5 分	20 分		

续表

<table>
<tr><th>序号</th><th>项目内容</th><th colspan="2">评分标准</th><th>配分</th><th>扣分</th><th>得分</th></tr>
<tr><td rowspan="4">1</td><td rowspan="4">安装电路</td><td colspan="2">元器件损坏，每处扣 2.5 分</td><td>5 分</td><td></td><td></td></tr>
<tr><td colspan="2">布局层次不合理，每处扣 5 分</td><td>10 分</td><td></td><td></td></tr>
<tr><td colspan="2">接线不符合规范，每处扣 2 分</td><td>10 分</td><td></td><td></td></tr>
<tr><td colspan="2">不按图接线扣 5 分</td><td>5 分</td><td></td><td></td></tr>
<tr><td rowspan="3">2</td><td rowspan="3">调试电路</td><td colspan="2">调试不成功扣 15 分</td><td>15 分</td><td></td><td></td></tr>
<tr><td colspan="2">不能正确使用万用表测量静态工作点扣 10 分</td><td>10 分</td><td></td><td></td></tr>
<tr><td colspan="2">不能正确使用示波器扣 5 分，测量并计算 A_u、R_i、R_o 错误，每处扣 2 分</td><td>10 分</td><td></td><td></td></tr>
<tr><td>3</td><td>安全文明生产</td><td colspan="2">违反安全文明生产扣 5~10 分</td><td>10 分</td><td></td><td></td></tr>
<tr><td colspan="2" rowspan="2">时间：2 h</td><td>备　注</td><td>合　计</td><td>100 分</td><td></td><td></td></tr>
<tr><td></td><td>教师签字</td><td colspan="3"></td></tr>
</table>

4．训练步骤

（1）安装

1）根据表 2-2-1 准备好相应的元器件并检测其好坏。

2）清除元器件引脚处和实验板表面的氧化层，并进行搪锡处理。

3）插接元器件。在焊接前应对电路进行检查，电解电容器应正向连接，三极管的三个电极不能接错。

4）对照电路图，按焊接工艺进行焊接。

组装好的电路板如图 2-2-2 所示，其焊接面如图 2-2-3 所示。

图 2-2-2　组装好的电路板

图 2-2-3　电路板焊接面

（2）调试

1）静态工作点的测量。断开信号源，将电路的输入端对地短路，开关 S1 断开，开关 S2 接通端点 3，用万用表测量电阻 R3 两端的电压。然后调整 RP1，使 R3 两端的电压为 3.3 V，同样再调整 RP2，使 R7 两端的电压也为 3.3 V。经过调整后两只三极管的集电极电流 I_{C1} 和 I_{C2} 都约为 1.5 mA。测量带负反馈的两级放大电路的静态工作点，并将测量结果填入表 2–2–3 中。

表 2–2–3　静态工作点的测量

U_{B1}	U_{E1}	U_{C1}	U_{B2}	U_{E2}	U_{C2}

2）负反馈对放大电路性能影响的测量

①对放大倍数 A_u 的影响。将开关 S1 合上，给放大电路输入 1 mV、1 kHz 的正弦波信号，在不接反馈（开关 S2 接通端点 3）和接入反馈（开关 S2 接通端点 2）两种情况下分别用示波器测量放大电路输入电压 u_i（B 点与 N 点之间）和输出电压 u_o 的波形，读出它们的不失真最大值 U_{im} 和 U_{om}，将测量结果填入表 2–2–4 中$\left(电压放大倍数 A_u = \frac{U_{om}}{U_{im}}\right)$，并分析引入负反馈后对放大电路电压放大倍数的影响。

表 2–2–4　负反馈对放大电路性能影响的测量（A_u）

不接反馈	U_{im}	U_{om}	A_u
接入反馈	U_{im}	U_{om}	A_u

②对输入电阻 R_i 的影响。将开关 S1 合上，放大电路输入端（A 点）接信号源 u_s，在不接反馈和接入反馈两种情况下分别用示波器测量 u_s（A 点与 N 点之间）和 u_i（B 点与 N 点之间）的波形，调节信号源 u_s 的幅度，读出 u_s 和 u_i 的不失真最大值 U_{sm} 和 U_{im}，将测量结果填入表 2–2–5 中$\left(电路的输入电阻 R_i = \frac{U_{im}}{U_{sm} - U_{im}} \times R_0\right)$，并分析引入负反馈后对放大电路输入电阻的影响。

③对输出电阻 R_o 的影响。在不接反馈和接入反馈两种情况下分别测量放大电路的输出电阻：将放大电路输入端（A 点）接信号源 u_s，用示波器测量输出波形。先将开关 S1 断开，读出输出电压的不失真最大值 U_{om}，然后将开关 S1 合上，再读出输出电

压的不失真最大值 U'_{om}，将测量结果填入表 2-2-6 中 $\left[\text{电路的输出电阻}R_o=\left(\frac{U_{om}}{U'_{om}}-1\right)\times R_L\right]$，并分析引入负反馈后对放大电路输出电阻的影响。

表 2-2-5 负反馈对放大电路性能影响的测量（R_i）

不接反馈	U_{im}	U_{sm}	R_i
接入反馈	U_{im}	U_{sm}	R_i

表 2-2-6 负反馈对放大电路性能影响的测量（R_o）

不接反馈	U_{om}	U'_{om}	R_o
接入反馈	U_{om}	U'_{om}	R_o

任务 2 功率放大器的安装与调试

学习目标

1. 掌握 OTL 功率放大器的组成和工作原理。
2. 能进行 OTL 功率放大器的安装与调试。

向负载提供低频功率的放大器称为低频功率放大器，简称“功放”。按照输出端的特点分类，功率放大器可以分为变压器耦合功率放大器、无输出变压器功率放大器（OTL）和无输出电容功率放大器（OCL）。OTL 功率放大器由激励放大级和功率放大输出级组成，其原理图如图 2-2-4 所示。

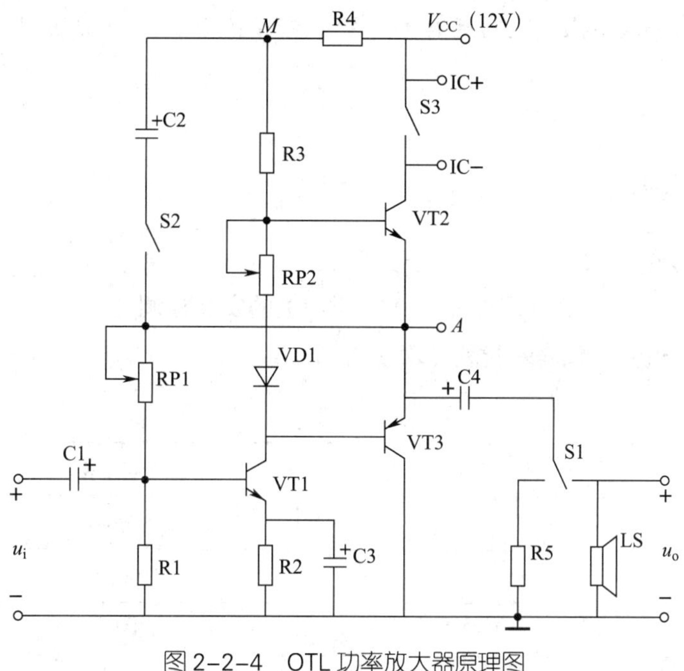

图 2-2-4　OTL 功率放大器原理图

一、电路的组成

1．激励放大级

由三极管 VT1 组成工作点稳定的分压式射极偏置放大电路。输入信号 u_i 经放大后由 VT1 的集电极输出，加到 VT2、VT3 的基极，RP1 引入电压并联负反馈，可以稳定静态工作点和提高输出信号电压的稳定度。

2．功率放大输出级

三极管 VT2 和 VT3 组成互补对称功放电路。RP2 和二极管 VD1 为 VT2、VT3 提供适当的偏压，使得两管在静态时处于微导通状态，以消除交越失真。调节 RP2（配合调节 RP1）可以调整功放管的静态工作点。此外，二极管 VD1 的正向压降随温度的升高而降低，对功放管能起到一定的温度补偿作用。

二、电路原理分析

设输入信号 u_i 为负半周，其经 VT1 倒相放大后，加到 VT2 和 VT3 基极的是正半周信号，VT2 导通、VT3 截止，负载上获得正半周信号。当输入信号 u_i 为正半周时，负载上获得负半周信号。如此两管轮流工作，在负载上可以得到完整的信号波形。

由于静态时自举电容 C2 已经充有约为 $V_{CC}/2$ 的上正下负的电压，当 U_A 接近 V_{CC} 时，U_M 可以升高到 $V_{CC}+V_{CC}/2$，这样 VT2 便可接近饱和导通，从而解决顶部失真的问题。图中 R4 为隔离电阻，它将电源 V_{CC} 与电容 C2 隔开，使 M 点可以获得高于 V_{CC} 的自举电压。

技能训练

1. 训练内容

OTL 功率放大器（原理图如图 2-2-4 所示）的安装与调试。

2. 工具、仪器、仪表及材料（表 2-2-7）

表 2-2-7　工具、仪器、仪表及材料

序号	名称	型号与规格	数量
1	二极管 VD1	1N4007	1 只
2	三极管 VT1	VT9014	1 只
3	三极管 VT2	TIP41	1 只
4	三极管 VT3	TIP42	1 只
5	电阻器 R1	4.7 kΩ	1 只
6	电阻器 R2	100 Ω	1 只
7	电阻器 R3	510 Ω	1 只
8	电阻器 R4	470 Ω	1 只
9	电阻器 R5	5.1 kΩ	1 只
10	电位器 RP1	100 kΩ	1 只
11	电位器 RP2	470 Ω	1 只
12	电解电容器 C1	10 μF/25 V	1 只
13	电解电容器 C2	220 μF/25 V	1 只
14	电解电容器 C3	100 μF/25 V	1 只
15	电解电容器 C4	470 μF/25 V	1 只
16	扬声器 LS	8 Ω	1 只
17	开关 S1	单刀双掷	1 只
18	开关 S2 和 S3	单刀单掷	2 只
19	铝型散热片	—	2 块
20	实验板	—	1 块
21	通用示波器	—	1 台

续表

序号	名称	型号与规格	数量
22	信号发生器	—	1台
23	直流稳压电源	—	1台
24	万用表	—	1块
25	电工工具（包括焊接工具）	—	1套
26	导线	—	若干
27	松香和焊锡丝等	—	若干

3. 评分标准（表 2-2-8）

表 2-2-8　评分标准

<table>
<tr><th>序号</th><th colspan="2">项目内容</th><th colspan="2">评分标准</th><th>配分</th><th>扣分</th><th>得分</th></tr>
<tr><td rowspan="6">1</td><td colspan="2" rowspan="6">安装电路</td><td colspan="2">检测元器件错误，每件扣 2.5 分</td><td>15 分</td><td></td><td></td></tr>
<tr><td colspan="2">电路安装不正确，每处扣 5 分</td><td>20 分</td><td></td><td></td></tr>
<tr><td colspan="2">元器件损坏，每处扣 2.5 分</td><td>5 分</td><td></td><td></td></tr>
<tr><td colspan="2">布局层次不合理，每处扣 5 分</td><td>10 分</td><td></td><td></td></tr>
<tr><td colspan="2">接线不符合规范，每处扣 2 分</td><td>10 分</td><td></td><td></td></tr>
<tr><td colspan="2">不按图接线扣 5 分</td><td>5 分</td><td></td><td></td></tr>
<tr><td rowspan="2">2</td><td rowspan="2">调试电路</td><td>测量静态工作点</td><td colspan="2">（1）有交越失真的输出波形形状记录不正确，每处扣 6 分
（2）调好的电路中点电压、电流数值不在允许的范围内，输出波形有交越失真，每处扣 6 分</td><td>15 分</td><td></td><td></td></tr>
<tr><td>测量动态参数</td><td colspan="2">不能正确使用示波器扣 5 分，测量并计算 P_{om} 错误，每处扣 2 分</td><td>10 分</td><td></td><td></td></tr>
<tr><td>3</td><td colspan="2">安全文明生产</td><td colspan="2">违反安全文明生产扣 5~10 分</td><td>10 分</td><td></td><td></td></tr>
<tr><td colspan="3" rowspan="2">时间：150 min</td><td>备　注</td><td>合　计</td><td>100 分</td><td></td><td></td></tr>
<tr><td></td><td>教师签字</td><td colspan="3"></td></tr>
</table>

4. 训练步骤

（1）安装

1）根据表 2-2-7 准备好相应的元器件并检测其好坏。

2）按照元器件的焊接工艺，将元器件插装后再焊接固定，用硬铜导线根据电路的电气连接关系进行布线并焊接固定。

组装好的电路板如图 2–2–5 所示，其焊接面如图 2–2–6 所示。

图 2–2–5　组装好的电路板

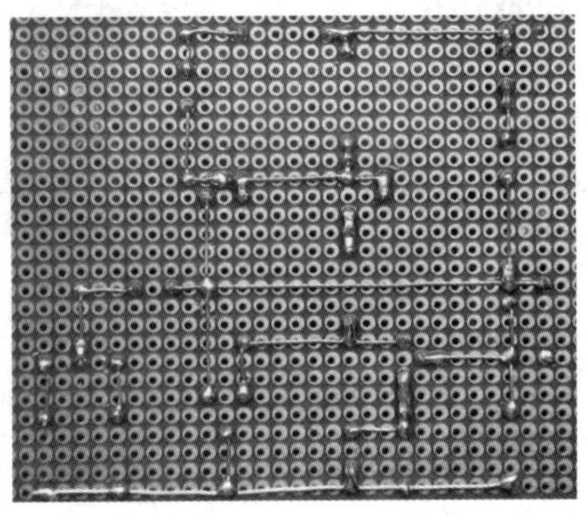

图 2–2–6　电路板焊接面

（2）调试

1）调整静态工作点

①将开关 S2 闭合，开关 S1 接扬声器，开关 S3 断开，在测试端 IC+ 和 IC– 串联电流表，调整 RP1 于中间位置，使 RP2 接入为 0 Ω。接通工作电源（12 V），再调整 RP1 使中点 A 电压等于 6 V。

②将 U_i=100 mV、f=1 kHz 的音频正弦波信号接到输入端，用示波器在输出端观察 u_o 的波形。逐渐增加输入信号的幅度，直到输出波形出现交越失真，将观察到的交越失真现象（波形）描绘下来。

③调整 RP2，使输出波形的交越失真现象基本消除，并且重新调整 RP1，以校正 A 点电压。电路调好后可以使 A 点电压保持为 6 V，输出波形没有交越失真，电流表的数值小于 200 mA。

2）测量最大不失真输出功率 P_{om}

①将开关 S2 和 S3 闭合，开关 S1 接扬声器（R_L=8 Ω），逐渐增大输入电压（f=1 kHz）的幅度，用示波器观察输出电压的波形。当输出电压波形略有失真时，测量输入电压 U_i（有效值）和负载上的电压 U_o（有效值），并根据公式 $P_{om}=U_o^2/R_L$，计算最大不失真输出功率。

②断开开关 S2（不接自举电路），重复上述步骤，体会自举电路对最大不失真输出功率的影响。

③将开关 S1 接 R5，重复上述步骤，分析负载的变化与最大不失真输出功率之间的关系。

将上述测量结果填入表 2–2–9 中。

表 2-2-9 测量结果记录

	开关 S1 接扬声器		开关 S1 接 R5		交越失真波形
	开关 S2 闭合	开关 S2 断开	开关 S2 闭合	开关 S2 断开	
U_i					(u_o–t 坐标轴)
U_o					
P_{om}					

拓展训练

1. 训练内容

集成功率放大器由于具有输出功率大、频率特性好、非线性失真小、外围元件少、成本低、使用方便等特点，因而被广泛应用在收音机、录音机、电视机及直流伺服系统中。本训练要求完成集成功率放大器的安装与调试，其原理图如图 2-2-7 所示。

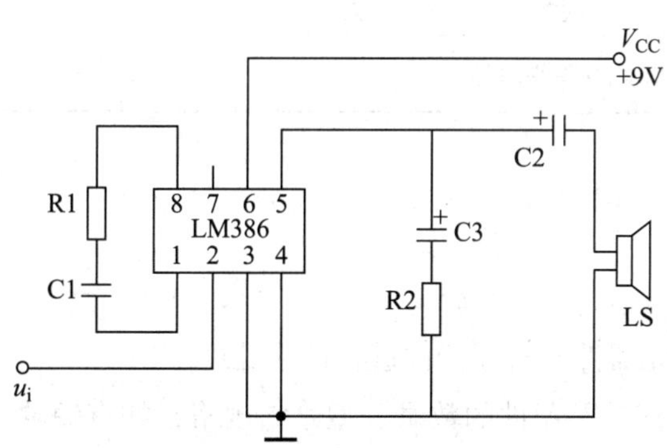

图 2-2-7 集成功率放大器原理图

2. 工具、仪表、仪表及材料（表 2-2-10）

表 2-2-10 工具、仪器、仪表及材料

序号	名称	型号与规格	数量
1	集成功率放大器	LM386	1 只
2	电容器 C1	10 μF	1 只

续表

序号	名称	型号与规格	数量
3	电解电容器 C2	220 μF/25 V	1 只
4	电解电容器 C3	0.5 μF/16 V	1 只
5	电阻器 R1	1 kΩ	1 只
6	电阻器 R2	5.1 Ω	1 只
7	扬声器 LS	8 Ω	1 只
8	实验板	—	1 块
9	通用示波器	—	1 台
10	信号发生器	—	1 台
11	万用表	—	1 块
12	晶体管毫伏表	—	1 块
13	电工工具（包括焊接工具）	—	1 套
14	直流稳压电源	—	1 台
15	导线	—	若干
16	松香和焊锡丝等	—	若干

3. 评分标准

评分标准参考表 2–2–7。

4. 训练步骤

（1）清点、检测元器件并对元器件进行搪锡处理

1）按表 2–2–10 核对元器件的数量、型号与规格，如有短缺、差错，应及时补缺和更换。

2）用万用表检测元器件的好坏。对不符合质量要求的元器件进行剔除并更换。

3）清除元器件引脚和实验板上的氧化层并搪锡。

（2）按集成功率放大器原理图进行组装

按照元器件的焊接工艺，将元器件插装后再焊接固定，用硬铜导线根据电路的电气连接关系进行布线并焊接固定。组装好的电路板如图 2–2–8 所示，其焊接面如图 2–2–9 所示。

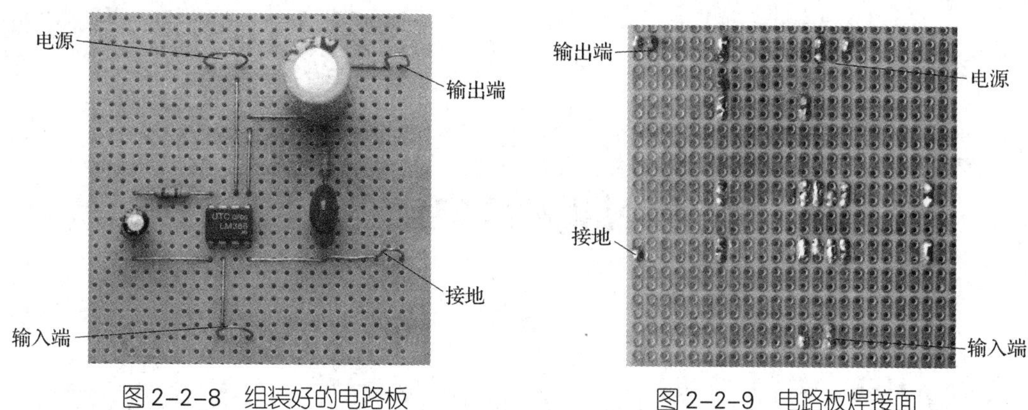

图 2-2-8 组装好的电路板

图 2-2-9 电路板焊接面

（3）调试

1）测量静态工作点。用短路线将输入端对地短路，用万用表测量集成功率放大器 LM386 各引脚的电压，并将测量结果填入表 2-2-11 中。

表 2-2-11 测量结果记录（LM386 各引脚电压）

引脚	1	2	3	4	5	6	7	8
测量电压								

2）测量最大不失真输出功率 P_{om}。信号发生器输出的正弦波信号通过输入端送给集成功率放大器 LM386 作为其输入电压（f=1 kHz），逐渐增大输入电压的幅度，用示波器观察输出电压的波形。当输出电压波形幅度最大且不失真时，用晶体管毫伏表测量扬声器两端的电压 U_o，计算最大不失真输出功率，并将测量结果填入表 2-2-12 中。

3）测量功率放大器的效率 η。将万用表调至直流 100 mA 挡，然后把万用表串联在电源 V_{CC} 与 6 端之间，测量直流电源的输出电流 I_E，则电源输出功率 $P_E=V_{CC}I_E$，功率放大器的效率 $\eta=\frac{P_{om}}{P_E}$。将测量结果填入表 2-2-12 中。

表 2-2-12 测量结果记录（最大不失真输出功率及效率）

R_L	V_{CC}	U_o	I_E	P_{om}	P_E	η

课题三　晶闸管整流电路的安装与调试

任务 1　晶闸管调光灯电路的安装与调试

学习目标

1. 掌握晶闸管调光灯电路工作原理。
2. 能进行晶闸管调光灯电路的安装与调试。

晶闸管是一种大功率半导体器件，可用于可控整流，也就是把交流电变换成输出电压可调的直流电。晶闸管的导通需要触发信号，提供触发信号的电路就是触发电路，单结晶体管触发电路是较为常用的一种。图 2–3–1 所示调光灯电路就是用该电路为晶闸管提供触发信号的简单应用，它可以使灯泡两端的电压在 0 V 至几十伏范围内变化，调光作用显著。

图 2–3–1 中，V2、R2、R3、R4、RP 和 C 组成单结晶体管张弛振荡电路。在接通电源前，电容 C 上的电压为零；接通电源后，电容 C 经由 RP、R4 充电，使单结晶体管发射极电压 U_E 逐渐升高。当 U_E 达到峰点电压时，E–B_1 间导通，电容经 E–B_1 向电阻 R3 放电，在 R3 上输出一个脉冲电压。由于 RP、R4 的阻值较大，当电容上的电压降到谷点电压时，经由 RP、R4 供给单结晶体管发射极的电流小于谷点电流，不能满足导通要求，单结晶体管 V2 恢复阻断状态。此后，电容又重新充电，重复上述过程，在电容上形成锯齿状电压，在 R3 上形成脉冲电压。在交流电压的每半个周期内，单结晶体管 V2 都将输出一组脉冲，起作用的第一个脉冲去触发晶闸管 V1 的控制极，使晶闸管 V1 导通，指示灯发光。改变 RP 的阻值 → 改变电容充电的快慢 → 改变锯齿波的振荡频率 → 改变晶闸管 V1 的导通角大小 → 改变可控整流电路的直流平均输出电压，从而达到调节指示灯亮度的目的。

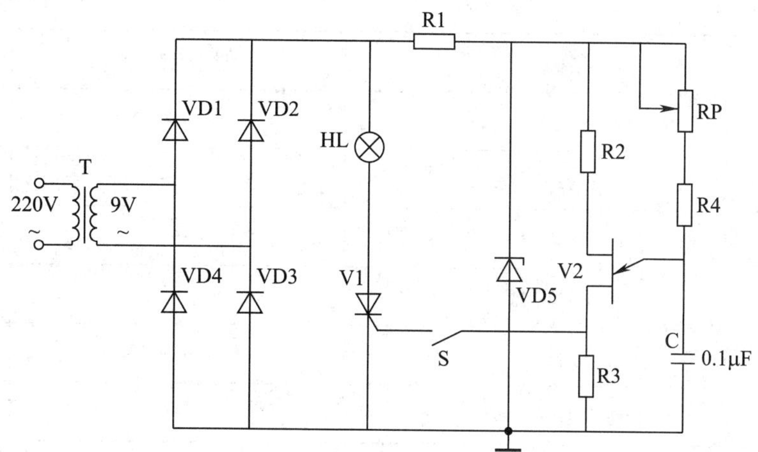

图 2-3-1 单结晶体管触发的晶闸管调光灯电路

技能训练

1. 训练内容

单结晶体管触发的晶闸管调光灯电路（图 2-3-1）的安装与调试。

2. 工具、仪器、仪表及材料（表 2-3-1）

表 2-3-1 工具、仪器、仪表及材料

序号	名称	型号与规格	数量
1	电源变压器 T	220 V/9 V	1 台
2	整流二极管 VD1～VD4	1N4007	4 只
3	稳压二极管 VD5	2CW132	1 只
4	晶闸管 V1	BT151	1 只
5	单结晶体管 V2	BT33	1 只
6	电阻器 R1、R3	100 Ω	2 只
7	电阻器 R2	470 Ω	1 只
8	电阻器 R4	1 kΩ	1 只
9	电位器 RP	100 kΩ	1 只
10	指示灯 HL	—	1 只
11	电容器 C	0.1 μF	1 只

续表

序号	名称	型号与规格	数量
12	开关 S	单刀单掷	1 只
13	实验板	—	1 块
14	电工工具（包括焊接工具）	—	1 套
15	通用示波器	—	1 台
16	导线	—	若干
17	松香和焊锡丝等	—	若干

3. 评分标准（表 2-3-2）

表 2-3-2　评分标准

<table>
<tr><th>序号</th><th>内容</th><th colspan="2">评分标准</th><th>配分</th><th>扣分</th><th>得分</th></tr>
<tr><td rowspan="4">1</td><td rowspan="4">安装电路</td><td colspan="2">电路安装不正确，每处扣 5 分</td><td>30 分</td><td></td><td></td></tr>
<tr><td colspan="2">元器件损坏，每处扣 2.5 分</td><td>5 分</td><td></td><td></td></tr>
<tr><td colspan="2">布局层次不合理，每处扣 5 分</td><td>10 分</td><td></td><td></td></tr>
<tr><td colspan="2">接线不符合规范，每处扣 2 分</td><td>10 分</td><td></td><td></td></tr>
<tr><td>2</td><td>调试电路</td><td colspan="2">（1）通电调试不成功扣 10 分
（2）使用示波器不正确扣 10 分
（3）测量结果（波形和幅度）不正确，每处扣 5 分</td><td>35 分</td><td></td><td></td></tr>
<tr><td>3</td><td>安全文明生产</td><td colspan="2">违反安全文明生产扣 5~10 分</td><td>10 分</td><td></td><td></td></tr>
<tr><td colspan="2" rowspan="2">时间：2 h</td><td>备　注</td><td>合　计</td><td>100 分</td><td></td><td></td></tr>
<tr><td></td><td>教师签字</td><td colspan="3"></td></tr>
</table>

4. 训练步骤

（1）安装

1）根据表 2-3-1 准备好相应的元器件并检测其好坏。

2）按照元器件的焊接工艺，将元器件插装后再焊接固定，用硬铜导线根据电路的电气连接关系进行布线并焊接固定。

组装好的电路板如图 2-3-2 所示，其焊接面如图 2-3-3 所示。

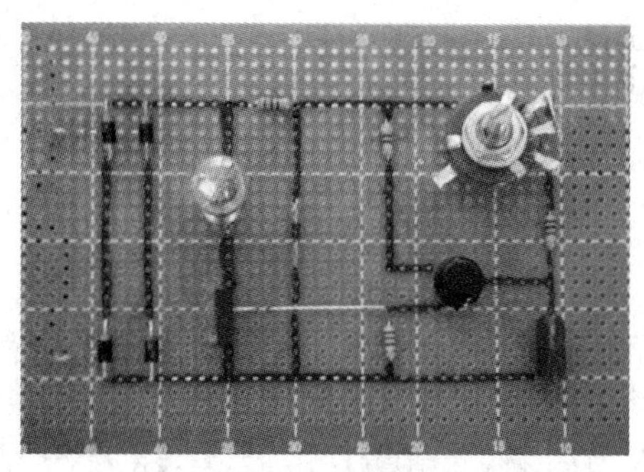

图 2–3–2　组装好的电路板

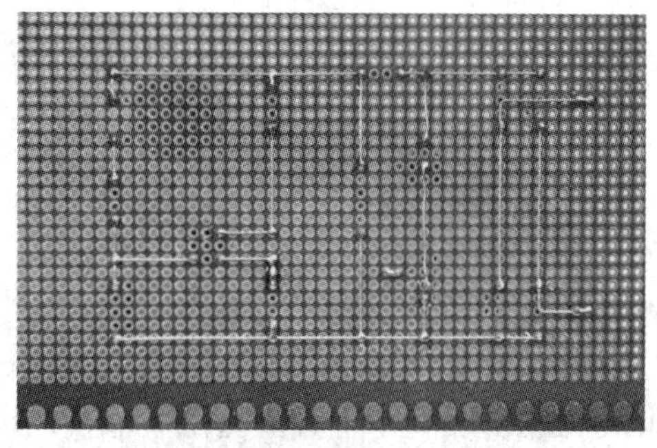

图 2–3–3　电路板焊接面

（2）调试

合上开关 S，调节 RP 的阻值，用示波器观察指示灯两端电压 u_H（负载电压）的波形，描绘波形并测量波形的频率和幅值，同时仔细观察指示灯亮度的变化，将结果填入表 2–3–3 中。

表 2–3–3　波形描绘及结果记录

u_H / O / t	负载电压 u_H		指示灯亮度变化	
	频率		当增大 RP 的阻值时	
	幅值		当减小 RP 的阻值时	

提示

（1）带开关的电位器应用螺母固定在印制电路板的孔上，电位器引脚用导线连接到印制电路板的相应位置。

（2）灯泡应安装在灯头插座上，灯头插座固定在印制电路板上。根据灯头插座的尺寸，在印制电路板上钻固定孔和导线串接孔。

（3）印制电路板四周用四个螺母固定、支撑。

（4）由于电路直接与 220V 电源相连接，调试时应注意安全，防止触电。调试前应认真、仔细检查各元器件的安装情况。最后接上灯泡，进行调试。

（5）单结晶体管张弛振荡电路停振，可能造成灯泡不亮，或灯泡不可调光。其原因可能是单结晶体管 V2 或电容 C 损坏。

（6）顺时针转动电位器的旋柄时，灯泡逐渐变暗，可能是电位器中心抽头接错位置。

（7）当调节电位器 RP 的阻值至最小时，灯泡突然熄灭，则应适当增大电阻 R4 的阻值，使单结晶体管处于触发状态。

任务 2　晶闸管调速器的安装与调试

学习目标

1. 掌握晶闸管调速器的工作原理。
2. 能进行晶闸管调速器的安装与调试。

晶闸管直流调速系统有可逆调速和不可逆调速两种。不可逆直流调速系统只适用于不要求改变电动机转向或不要求经常改变电动机转向，同时在停车时对快速性又无特殊要求的生产机械，如车床、镗床等。在工业生产中，某些生产机械要求电动机既能频繁正反转又能快速启动、制动，如龙门刨床、可逆轧钢机等，这些生产机械就需要采用可逆直流调速系统。

晶闸管调速器电路如图 2–3–4 所示。

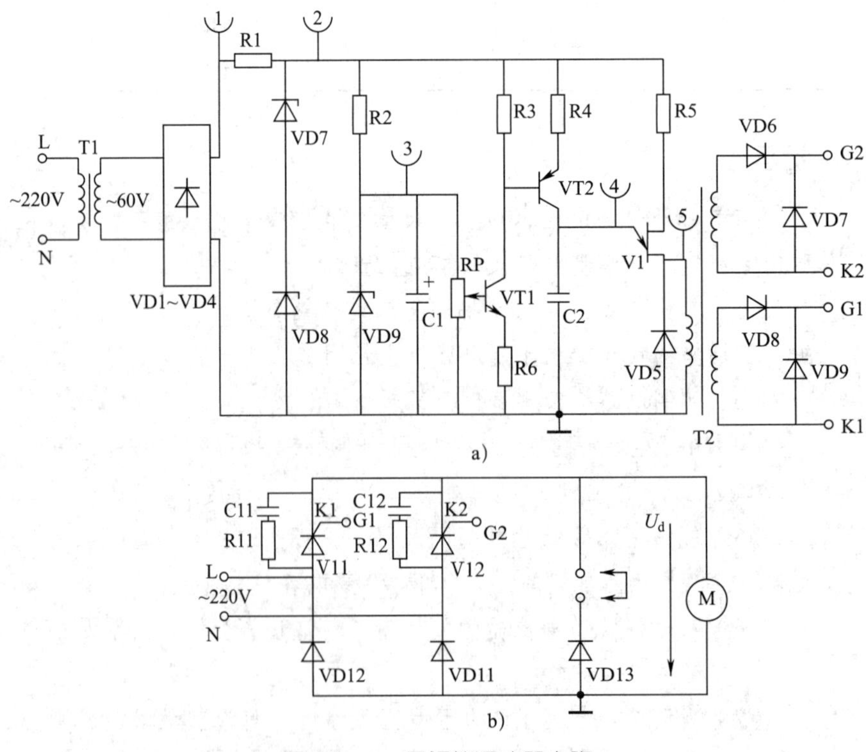

图 2–3–4　晶闸管调速器电路

a）触发电路　b）主电路

在触发电路中，变压器二次侧输出 60 V 交流电压，经 VD1～VD4 整流后，再由稳压管 VD7、VD8 削波，从而得到梯形波电压（其过零点与主电路晶闸管阳极电压的过零点一致），梯形波通过 R4、VT2 向电容 C2 充电，当充电电压达到单结晶体管的峰点电压 U_p 时，单结晶体管 V1 导通，从而通过脉冲变压器 T2 输出脉冲，C2 经 V1 放电。因为放电回路的时间常数很小，所以放电迅速。当电容 C2 两端的电压下降到单结晶体管的谷点电压 U_v 时，V1 重新关断，C2 开始再次充电。在每个梯形波内，V1 可导通、关断多次，因此，其可以产生多个脉冲，但只有第一个触发脉冲起作用。电容 C2 的充电时间常数 T 由充电回路的等效电阻和 C2 的容量决定（$T=R\times C$）。调节 RP，可以改变 VT1 的基极电压，使 VT1、VT2 都工作在放大区，即 C2 充、放电回路的等效电阻可随着 VT1 基极电压的改变而改变，也就是说，梯形波内的第一个脉冲出现的时刻（控制角 α）可由 RP 来控制（调节）。

晶闸管调速器触发电路各点的波形如图 2-3-5 所示。

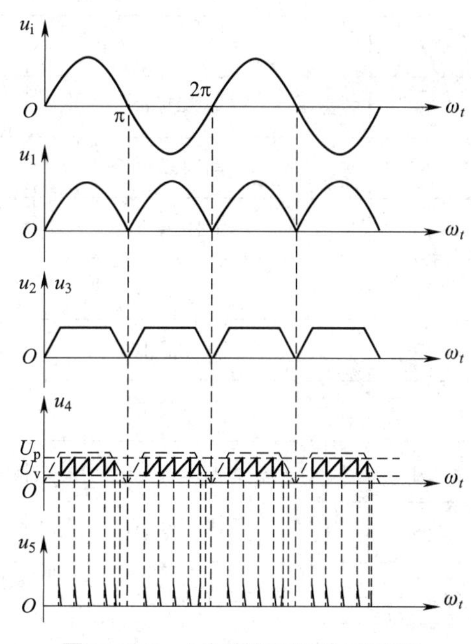

图 2-3-5 晶闸管调速器触发电路各点的波形

技能训练

1. 训练内容

晶闸管调速器电路（图 2-3-4）的安装与调试①。

2. 工具、仪器、仪表及材料（表 2-3-4）

表 2-3-4 工具、仪器、仪表及材料

序号	名称	型号与规格	数量
1	整流二极管 VD1 ～ VD4	1N4001	4 只
2	二极管 VD5 ～ VD9	1N4004	5 只
3	稳压管 VD7 ～ VD9	1N4741A	3 只
4	三极管 VT1	9013	1 只

① 本处只安装触发电路，主电路无须安装。

续表

序号	名称	型号与规格	数量
5	三极管 VT2	9015	1 只
6	单结晶体管 V1	BT33	1 只
7	电解电容器 C1	47 μF/25 V	1 只
8	电容器 C2	220 μF/25 V	1 只
9	电阻器 R1	560 Ω	1 只
10	电阻器 R2	1 kΩ	1 只
11	电阻器 R3	2 kΩ	1 只
12	电阻器 R4	2.2 kΩ	1 只
13	电阻器 R5	300 Ω	1 只
14	电阻器 R6	1 kΩ	1 只
15	电位器 RP	4.7 kΩ	1 只
16	电源变压器 T1	220 V/60 V	1 台
17	脉冲变压器 T2	—	1 台
18	电工工具（包括焊接工具）	—	1 套
19	验电笔	—	1 只
20	万用表	MF30 或 MF47	1 块
21	通用示波器	—	1 台
22	三联或二联万能板	60 mm × 70 mm × 2 mm	1 块
23	单股镀锌铜线	AV 0.1 mm^2，红色	若干
24	多股镀锌铜线	AVR 0.1 mm^2，白色	若干
25	松香和焊锡丝等	—	若干

3. 评分标准

评分标准见表 2–3–2。

4. 训练步骤

（1）安装

1）检测所用元器件的质量好坏。

2）焊接。按照焊接工艺，进行元器件和导线的焊接固定。

（2）调试

1）焊接完成后，对电路的装接质量进行自检，重点检查装配的准确性，包括元器件的位置，电源变压器一次侧、二次侧绕组的接线及绝缘恢复等；焊点有无虚焊、漏焊，有无空隙、毛刺等；有无其他影响安全性指标的缺陷等。

2）检查电源电压是否正常（220 V/AC）。

3）检查触发电路的输入电压是否正常（60 V/AC）。

4）用示波器测绘图中各点的电压波形（触发角为 30° 和 90° 时的波形）。

5）接上主电路和直流电动机，测试调速器是否正常工作。

提示

（1）仔细检查触发电路的接线是否正确。

（2）安装时注意安全操作。

课题四　数字电路的安装与调试

任务 1　555 集成定时器的安装与调试

学习目标

1. 熟悉 555 集成定时器的功能和工作原理。
2. 能进行叮咚门铃电路的安装与调试。

一、555 集成定时器的功能

555 集成定时器电路是一种多用途的数字－模拟混合集成电路，它将数字电路和模拟电路巧妙地结合在一起，在自动控制领域得到了广泛的应用。

常用的 555 集成定时器有 TTL 定时器和 CMOS 定时器两种类型，两者的工作原理基本相同。图 2-4-1 所示的是 CMOS 定时器 CC7555。

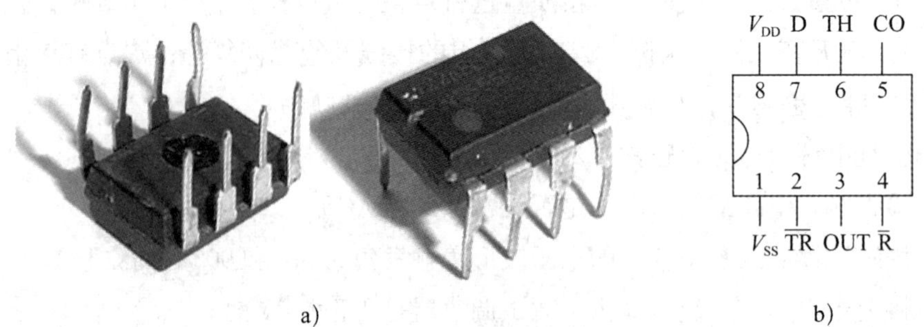

图 2-4-1 CMOS 定时器 CC7555

a）外形 b）引脚排列

1—接地端 2—低电平输入端 3—输出端 4—复位端 5—电压控制端

6—高电平输入端 7—放电端 8—电源端

在 CO 端悬空的条件下，555 集成定时器的基本功能表见表 2-4-1。如果 CO 端施加一外加电压（其值在 0~V_{DD} 之间），电路的阈值、触发电平也将随之改变。

表 2-4-1 555 集成定时器的基本功能表

输入			输出	
u_{TH}	$u_{\overline{TR}}$	$\overline{R}$	OUT	放电管状态
×	×	0	0	导通
$<\frac{2}{3}V_{DD}$	$<\frac{1}{3}V_{DD}$	1	1	截止
$>\frac{2}{3}V_{DD}$	$>\frac{1}{3}V_{DD}$	1	0	导通
$>\frac{2}{3}V_{DD}$	$<\frac{1}{3}V_{DD}$	1	1	截止
$<\frac{2}{3}V_{DD}$	$>\frac{1}{3}V_{DD}$	1	原态	原态

555 集成定时器可做成单稳态触发器、多谐振荡器和施密特触发器等。

二、电路原理分析

叮咚门铃电路如图 2-4-2 所示，其核心为 555 集成定时器，SB 为门铃的按钮，其示意图如图 2-4-3 所示。

当按下按钮 SB 后，电源经 VD1 对 C1 充电。当集成电路④脚（复位端）电压大于 1 V 时，电路振荡，扬声器中发出“叮”声。松开按钮 SB，电容 C1 储存的电能经 R3

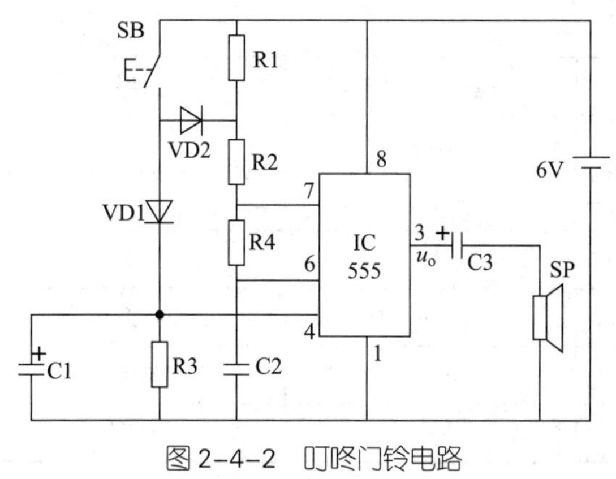

图 2-4-2 叮咚门铃电路

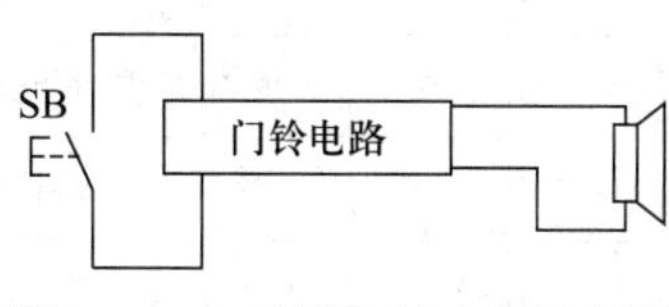

图 2-4-3 叮咚门铃电路示意图

放电，此刻集成电路④脚继续维持高电平而保持振荡，但这时因 R1 也接入振荡电路，振荡频率变低，使扬声器发出“咚”声。当 C1 上的电能释放一定时间后，集成电路④脚电压低于 1 V，此时电路将停止振荡。再按一次按钮，电路将重复上述过程。

技能训练

1. 训练内容

叮咚门铃电路（图 2-4-2）的安装与调试。

2. 工具、仪器、仪表及材料（表 2-4-2）

表 2-4-2 工具、仪器、仪表及材料

序号	名称	型号与规格	数量
1	二极管 VD1、VD2	2CP12	2 只
2	555 集成定时器	—	1 个
3	集成电路插座	8 脚	1 个
4	按钮开关 SB	—	1 只
5	电阻器 R1	30 kΩ	1 只
6	电阻器 R2、R4	22 kΩ	2 只
7	电阻器 R3	47 kΩ	1 只
8	电解电容器 C1	47 μF/25 V	1 只
9	电容器 C2	0.047 μF	1 只
10	电解电容器 C3	50 μF/25 V	1 只
11	扬声器 SP	0.25 Ω/8 W	1 只
12	实验板	—	1 块

续表

序号	名称	型号与规格	数量
13	直流稳压电源	+6 V	1台
14	通用示波器	—	1台
15	万用表	—	1块
16	电工工具（包括焊接工具）	—	1套
17	导线	—	若干
18	松香和焊锡丝等	—	若干

3. 评分标准（表2-4-3）

表2-4-3　评分标准

<table>
<tr><th>序号</th><th colspan="2">项目内容</th><th colspan="2">评分标准</th><th>配分</th><th>扣分</th><th>得分</th></tr>
<tr><td rowspan="2">1</td><td rowspan="2">安装电路</td><td>元器件识别及排列</td><td colspan="2">（1）元器件识别错误，每处扣5分
（2）元器件排列不整齐扣5~10分</td><td>10分</td><td></td><td></td></tr>
<tr><td>焊点</td><td colspan="2">（1）焊点毛糙，每处扣5分
（2）虚焊、漏焊，每处扣10分</td><td>25分</td><td></td><td></td></tr>
<tr><td rowspan="2">2</td><td rowspan="2">调试电路</td><td>波形测量</td><td colspan="2">不会使用示波器观察波形扣10分</td><td>20分</td><td></td><td></td></tr>
<tr><td>参数测量</td><td colspan="2">参数测量不正确，每处扣5分</td><td>35分</td><td></td><td></td></tr>
<tr><td>3</td><td colspan="2">安全文明生产</td><td colspan="2">违反安全文明生产扣5~10分</td><td>10分</td><td></td><td></td></tr>
<tr><td colspan="3" rowspan="2">时间：2 h</td><td>备　注</td><td>合　计</td><td>100分</td><td></td><td></td></tr>
<tr><td></td><td>教师签字</td><td colspan="3"></td></tr>
</table>

4. 训练步骤

（1）识别元器件

1）集成电路。熟悉555集成定时器的外形及其引脚功能。

2）扬声器。熟悉扬声器的外形及其连接方法。

（2）安装

1）画出装配图。根据电路图正确地进行安装图的设计，可以两面布线，以焊点一面为主，图中焊点、连接线、元器件都是安装时的实际位置。实线表示焊点一面的连接线，虚线表示元器件一面的连接线，连接线要平直，不能交叉。

2）检测元器件

①清点元器件。按表 2–4–2 核对元器件的数量、型号和规格，如有短缺、差错，应及时补缺和更换。

②检测元器件好坏。用万用表检测元器件的好坏，对不符合质量要求的元器件进行剔除并更换。

3）插装、焊接元器件及导线

①按装配图将元器件插装在实验板上，插装原则是先低后高，先里后外，上道工序不得影响下道工序。

②电阻器采用卧式安装，占用四个焊盘，且紧贴板面安装。

③集成电路应安装相应的插座，插座标记口的方向应与实际集成电路标记口的方向一致。将集成电路插入插座时，应避免插反及引脚未完全插入插座等现象。8 脚的插座占 4×4 个焊盘。如果使用集成电路插座在印制电路板上焊接，其焊接方法与焊接二极管的方法相同。如果直接焊接集成电路，一般采用“三步焊接法”，引脚焊接顺序为：地端→输出端→电源端→输入端。注意，每个焊点的焊接时间应尽量短。

④按钮占用 3×4 个焊盘。

⑤电容器占用两个焊盘，引脚高度为 3 mm。

⑥导线连线在焊接面上拐弯时，采用直角形状，直角处用焊点固定。

⑦所有焊点均采用直脚焊，焊后剪去多余的引脚。

组装好的电路板如图 2–4–4 所示，其焊接面如图 2–4–5 所示。

图 2–4–4 组装好的电路板

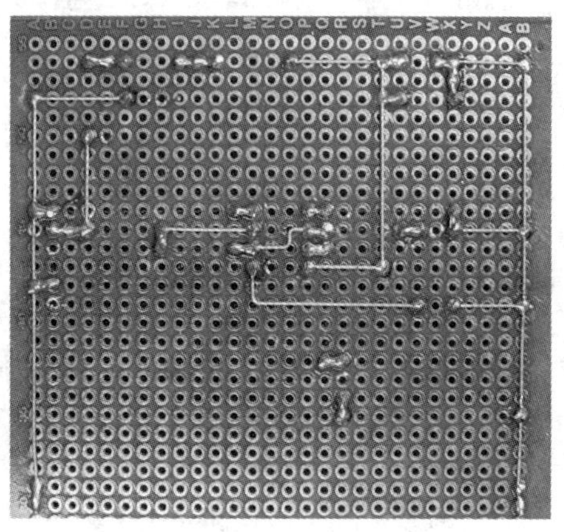

图 2–4–5 电路板焊接面

（3）调试

1）安装完成后，对照测试线路图和装配图进行检查。

2）用万用表检测电源是否有短路问题，无误后方可通电调试。

3）将电路的⑧脚与电源相连接。按下按钮 SB，用示波器观察 u_{C2}、u_o 的波形，听扬声器的声音，将结果填入表 2–4–4 中。

表 2-4-4　测量结果记录

555 集成定时器引脚	1	2	3	4	5	6	7	8
扬声器鸣叫时的电压								
扬声器不鸣叫时的电压								
输出波形								
安装、调试过程中出现的故障和排除方法								

提示

（1）如果 R1 开路，当按下按钮 SB 时，电路振荡，扬声器发出“叮”声；当松开按钮 SB 时，因为振荡回路开路，扬声器不发出声音。

（2）改变 C2 的数值，变音门铃的音节会发生变化。

任务 2　数字式电压表的安装与调试

学习目标

1. 熟悉数字式电压表的组成和工作原理。
2. 能进行数字式电压表的安装与调试。

一、电路组成

数字式电压表是数字式仪表的核心，只要在数字式电压表的基础上增加不同的测量线路，就能组成各种不同用途的数字式仪表。数字式电压表电路如图 2-4-6 所示，主要由 MC14433 模 / 数（A/D）转换器、CD4511 译码驱动器、ULN2003AN 反向驱动器、共阴极 LED 发光数码管等组成。CD4511 有拒绝伪码的特点，当输入数据越过十

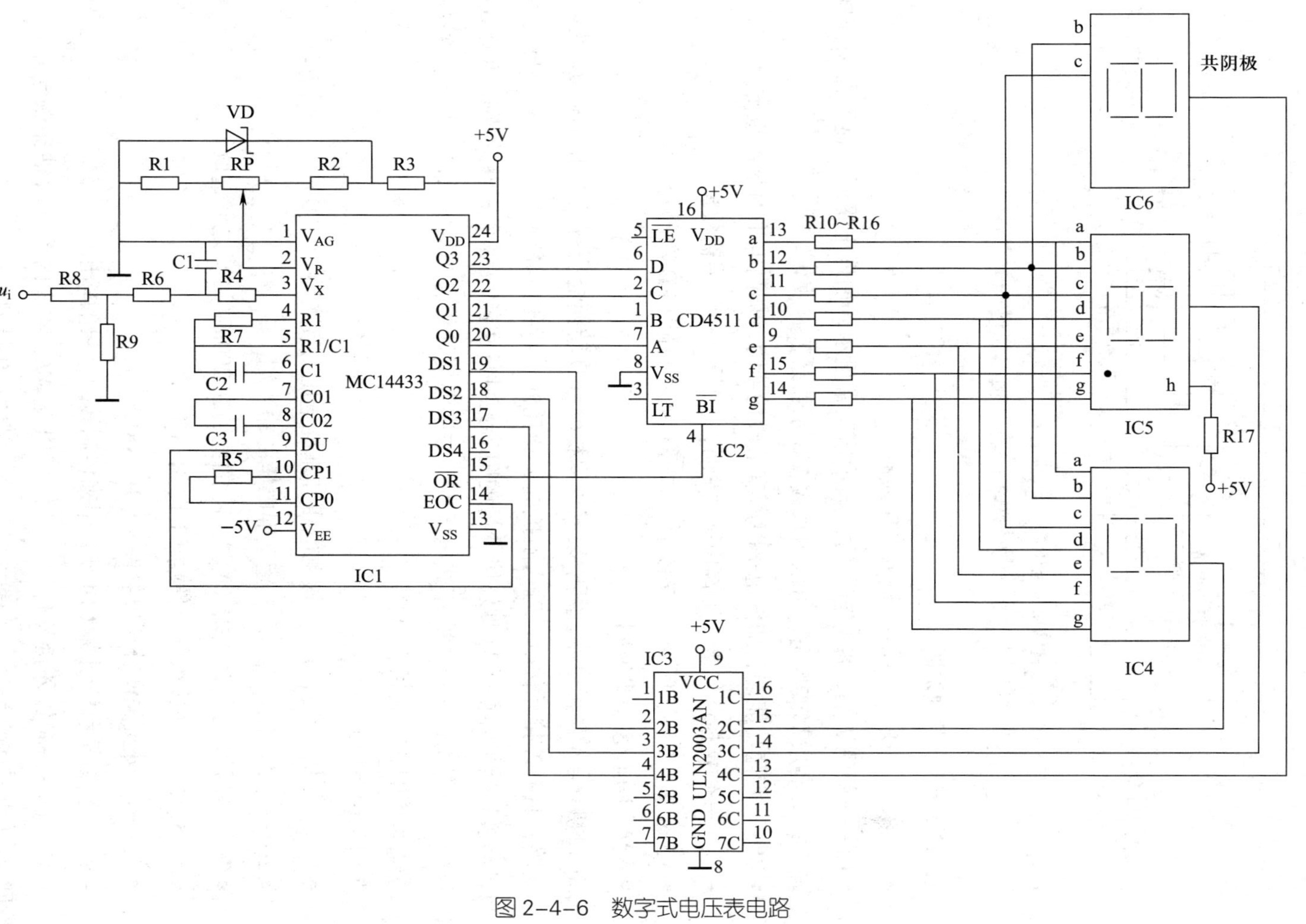

图 2-4-6　数字式电压表电路

进制数 9（1001）时，显示字形将自行消隐，即低电平时使所有的段均自行消隐。数字式电压表的组成框图如图 2-4-7 所示。

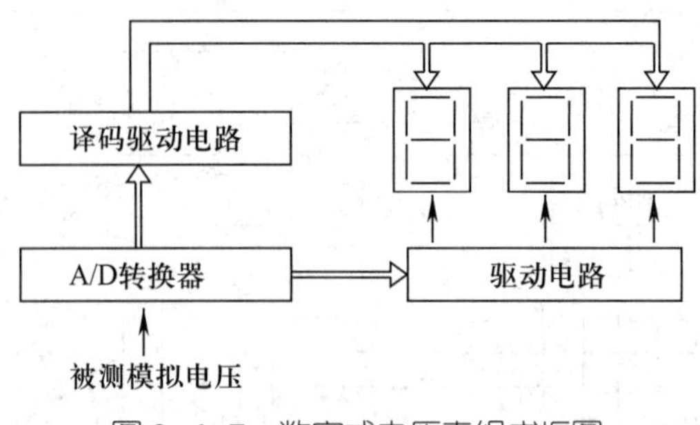

图 2-4-7　数字式电压表组成框图

1. CD4511 引脚说明

- A、B、C、D——BCD 码输入，D 为最高位。
- $\overline{LT}$——灯测试端，加高电平时，显示器正常显示，加低电平时，显示器一直显示数码“8”，各段都被点亮，可以用来检查显示器是否有故障。
- $\overline{BI}$——消隐功能端，加低电平时所有笔段均消隐，加高电平时显示正常。
- $\overline{LE}$——锁定控制器端，加高电平时锁定，加低电平时传输数据。
- a、b、c、d、e、f、g——7 段输出，可驱动共阴极 LED 数码管。

2. MC14433 引脚说明

MC14433 是 A/D 转换器，其中集成了双积分 A/D 转换器所有的 CMOS 模拟电路和数字电路，具有外接元件少、输入阻抗高、功耗低、精度高等特点，并且具有自动校零和自动极性转换功能，只要外接少量的阻容元件即可构成一个完整的 A/D 转换器。MC14433 的主要用途是作为数字式电压表、数字温度计等各类数字式仪表以及计算机数据采集系统的 A/D 转换接口。

各引脚说明如下：

- 1——模拟地（V_{AG}），为被测电压和基准电压的接入地。
- 2——基准电压（V_R），外接基准电压的输入端。
- 3——被测电压的输入端（V_X）。V_X 的值可在 200mV~2V 之间选取。
- 4、5、6——外接积分元件端（R1、R1/C1、C1）。
- 7、8——外接失调补偿电容端（C01、C02）。
- 9——更新显示控制端（DU），用来控制转换结果的输出。
- 10、11——时钟外接元件端（CP0、CP1）。MC14433 内置了时钟振荡电路，对时钟频率要求不高的场合，可通过选择一个电阻确定时钟频率。
- 12——负电源端（V_{EE}）。
- 13——数字电路的负电源引脚（V_{SS}）。

• 14——转换周期结束标志位（EOC），每个转换周期结束时，EOC 将输出一个正脉冲信号。

• 15——过量程标志位（$\overline{OR}$）。

• 16、17、18、19——多路选通脉冲输出端（DS4、DS3、DS2、DS1）。DS1、DS2、DS3、DS4 分别对应千位、百位、十位、个位选通信号。

• 20、21、22、23——BCD 码数据输出端（Q0、Q1、Q2、Q3）

• 24——正电源端（V_{DD}）。

3. ULN2003AN 引脚说明

ULN2003 是一个非门电路，是大电流驱动阵列，多用于单片机、智能仪表、PLC、数字量输出卡等控制电路中，可直接驱动继电器、LED 灯等负载。ULN2003 的 1~7 脚为信号输入脚，依次对应的输出端为 16~10 脚，8 脚为接地端，9 脚为电源端。

二、电路原理分析

电路中采用了动态扫描逐位显示技术，u_i 经 MC14433 进行 A/D 转换，MC14433 把转换后的数字信号采用多路调制方式输出。一路由 MC14433 的位选通信号 DS1~DS3 依次输出高电平去控制反向驱动器 ULN2003AN 选通相应的数码管［本电路采用三个数码管分别显示输入电压值的十位、个位和小数点后一位，一共只需要显示三个十进制数字，所以只需用 MC14433 上的 DS1~DS3 就能满足要求（DS4 不用），小数点直接由 +5 V 电源供电］；另一路由 MC14433 的 Q3~Q0 同步输出各位计数器的 BCD 码，再由 CD4511 输出的译码驱动信号驱动相应的数码管显示出相应的十进制数字。

当 MC14433 的输入电压 u_i 大于参考电压时，$\overline{OR}$ 过量程标志位输出低电平，使与之相连接的 CD4511 的消隐端 $\overline{BI}$ 为低电平，迫使显示器消隐，不显示任何字形，而小数点依然点亮。

为了控制电路成本，本电路没有像常见电路那样采用基准电压集成电路作为参考电压，而是采用 R1~R3、RP 和稳压管 VD 接 +5 V 电源分压得到的电压作为参考电压（参考电压控制在 2 V）。因为 MC14433 量程电压输入端的最大输入电压不能超过 1.999 V，而被测输入电压范围为 1.2~20 V，所以被测输入的电压需要经过分压才能接入，量程电压输入端必须用 R8 和 R9 分压、R6 和 R4 限流，使输入的电压大约为原来电压的十分之一，与 2 V 的参考电压匹配。

技能训练

1. 训练内容

数字式电压表电路（图 2-4-6）的安装与调试。

2. 工具、仪器、仪表及材料（表 2-4-5）

表 2-4-5　工具、仪器、仪表及材料

序号	名称	型号与规格	数量
1	A/D 转换器 IC1	MC14433	1 个
2	译码器 IC2	CD4511	1 个
3	反相驱动器 IC3	ULN2003AN	1 个
4	数码管 IC4~IC6	TBC5011H	3 只
5	稳压管 VD	2CW52	1 只
6	电位器 RP	1 kΩ	1 只
7	电阻器 R1、R2	510 Ω	2 只
8	电阻器 R3	150 Ω	1 只
9	电阻器 R4	4.7 kΩ	1 只
10	电阻器 R5、R7	47 kΩ	2 只
11	电阻器 R6	47 kΩ	1 只
12	电阻器 R8	1 800 kΩ	1 只
13	电阻器 R9	200 kΩ	1 只
14	电阻器 R10 ~ R17	390 Ω	8 只
15	电容器 C1	0.01 μF	1 只
16	电容器 C2、C3	0.1 μF	2 只
17	实验板	—	1 块
18	电工工具（包括焊接工具）	—	1 套
19	直流稳压电源	—	1 台
20	万用表	—	1 块
21	双踪示波器	—	1 台
22	导线	—	若干
23	松香和焊锡丝等	—	若干

3. 评分标准（表 2-4-6）

表 2-4-6 评分标准

<table>
<tr><th>序号</th><th>项目内容</th><th colspan="2">评分标准</th><th>配分</th><th>扣分</th><th>得分</th></tr>
<tr><td rowspan="4">1</td><td rowspan="4">安装电路</td><td colspan="2">元器件识别错误，每处扣 5 分</td><td>10 分</td><td></td><td></td></tr>
<tr><td colspan="2">电路安装不正确、不完整，每处扣 5 分</td><td>15 分</td><td></td><td></td></tr>
<tr><td colspan="2">布局层次不合理，每处扣 5 分</td><td>15 分</td><td></td><td></td></tr>
<tr><td colspan="2">接线不规范，焊点有虚焊、漏焊，每处扣 5 分</td><td>10 分</td><td></td><td></td></tr>
<tr><td rowspan="2">2</td><td rowspan="2">调试电路</td><td colspan="2">一次通电调试不成功扣 10 分，二次通电调试不成功再扣 10 分</td><td>20 分</td><td></td><td></td></tr>
<tr><td colspan="2">万用表、示波器使用不正确，观测方法、测量结果不正确，每处扣 5 分</td><td>20 分</td><td></td><td></td></tr>
<tr><td>3</td><td>安全文明生产</td><td colspan="2">违反安全文明生产扣 5~10 分</td><td>10 分</td><td></td><td></td></tr>
<tr><td colspan="2" rowspan="2">时间：2 h</td><td>备 注</td><td>合 计</td><td>100 分</td><td></td><td></td></tr>
<tr><td></td><td>教师签字</td><td colspan="3"></td></tr>
</table>

4. 训练步骤

（1）识别元器件

熟悉 MC14433 模 / 数转换器、CD4511 译码驱动器、ULN2003AN 反向驱动器、共阴极 LED 发光数码管的外形及其引脚功能。

（2）安装

1）画出装配图。根据装配图绘制要求，正确画出装配图。

2）检测元器件

①清点元器件。按表 2-4-5 核对元器件的数量、型号和规格，如有短缺、差错，应及时补缺和更换。

②检测元器件好坏。用万用表检测元器件的好坏，对不符合质量要求的元器件进行剔除并更换。

3）插装、焊接元器件及导线。24 脚的集成电路插座占 7 × 12 个焊盘，16 脚的集成电路插座占 4 × 8 个焊盘，14 脚的集成电路插座占 4 × 7 个焊盘。电位器占 4 × 7 个焊盘。

组装好的电路板如图 2-4-8 所示，其焊接面如图 2-4-9 所示。

（3）调试

1）用万用表测量输入端的电压值，例如，若要求输入电压是 10 V，则调节电位器 RP，使数码管显示的数字是“10.0”。

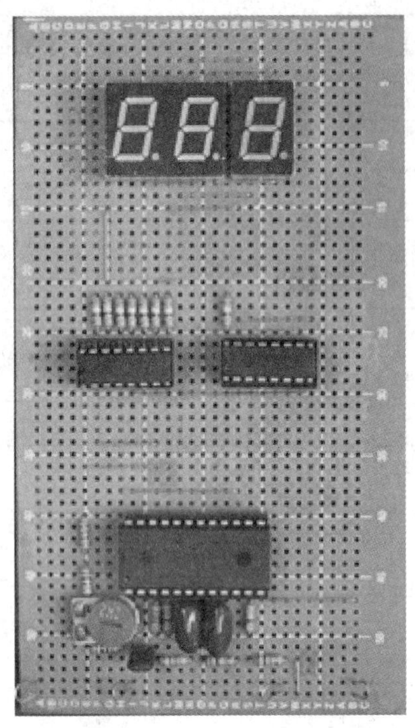

图 2-4-8　组装好的电路板

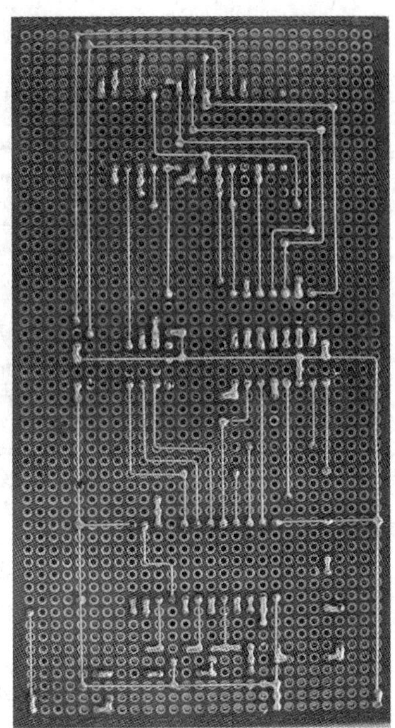

图 2-4-9　电路板焊接面

2）改变被测的输入电压值，观察数码管的状态，记录数字式电压表的量程。

3）用示波器观察 MC14433 多路选通脉冲信号 DS1～DS3 的波形，并记录。